景放射

ハン以前」の痕跡を探る

羽澄昌史

Hazumi Masashi

a pilot of wisdom

まえがき

僕は実験物理学者です。宇宙のはじまりを科学の目で研究しています。そのために、本書のタイトルにある「宇宙背景放射」という宇宙最古の光を観測しています。

物理学というと、アインシュタイン、湯川秀樹など、キラ星のごとき天才たちだけの世界だと思われがちです。

でも実際は、多くの無名の実験物理学者が、薄汚い実験室で泣き笑いしながらそれを支えているのです。僕もそんな無名の実験物理学者のひとりです。

そんな僕が、ひょんなことから、こういう本を書く機会をいただきました。宇宙のはじまりについてはすでに多くのすぐれた解説本が出ているので、何を書こうか少し悩みました。でも、ほとんどの解説書は、理論物理学者の手によるものだと気づきました。

そこで、この本では、僕の手がけている「宇宙のはじまりを見る実験プロジェクト」について、少しドキュメンタリーふうの部分も交えて紹介していくことにしました。そのために、本書の前半部では、もとは素粒子（いちばん小さなもの）の研究をしていた僕が宇宙（いちばん大きなもの）の研究に転じた経緯も書いてみました。気楽に読めるものを目指しましたので、どうか構えずに読みはじめてください（つり革につかまって、おやつを食べながら、寝床で、トイレで〈？〉、何でもかまいません）。

実験物理、観測、というものが、どんなものなのか、現場の空気（時には僕のグチやヨワネも含めて）を少しでもお届けできれば嬉《うれ》しいです。

もちろん、解説書としての側面も大事なので、宇宙のはじまりについての理論・仮説（ビッグバン理論とインフレーション仮説のことです）についても、この本を読むだけで「さわり」が伝わるよう全力を尽くしました。

二〇一四年三月に、アメリカの研究者を中心としたチームが、宇宙背景放射の観測により、宇宙の誕生を解明する重力波をとらえた、という発表を行い、大きな話題になりました。読者の中には、それを覚えていらっしゃる方がいるかもしれません。本書の第七章では、その顚末《てんまつ》と今後について、現場からのリポートといったふうにお届けします。

また、報道を機会に、原始重力波、Bモード偏光、などといった専門用語を耳にし、より正確な内容を知りたいと思われた方（ハード志向な方？）もいるかもしれません。実はこのあたりを解説した本はほとんど出ていないのが現状なので、この本では、できるだけ丁寧な解説を加えてみました。

では、僕が恋におちた「宇宙背景放射」と、その観測による宇宙のはじまりの探求についての話を、はじめたいと思います。

目次

インフレーション理論のさまざまな「ご利益」
アナーキーでロックな仮説は実証されるのか
観測技術の発達でインフレーションの検証が可能な時代がやってきた
CMBのわずか一〇万分の一のムラを発見したコービー衛星
波を分解する「スペクトル解析」とは
理論値と見事に一致したプランク衛星の観測結果

第五章 原始重力波とBモード偏光

「勇み足」だったBICEP2の発表
アインシュタインが存在を予言した「重力波」とは何か
原始重力波はインフレーションが「震源」
不確定性原理が生む「量子ゆらぎ」
「空間の量子ゆらぎ」が重力波となって今の宇宙に再登場する
CMBという「天然のスクリーン」に映る原始重力波の痕跡
「Bモード偏光」が生じるメカニズム

構成／岡田仁志
図版作成／株式会社ウエイド

第一章　宇宙の「ルールブック」を求めて
――素粒子実験から宇宙誕生の瞬間を撮る実験へ

チリのアタカマ砂漠にたたずむ「ポーラーベア」

異様に細長い国土を持つことで知られる南米のチリは、「山岳だらけ」の国でもある。太平洋側の海岸ギリギリまでアンデス山脈のすそ野が広がり、平地は極端に少ない。

そのチリに、僕は毎年足を運んでいる。学生時代はワンダーフォーゲル部に所属していたので、山は大好きだけど、目的は登山ではない。実験物理学者としての「職場」のひとつが、そこにある。

日本から見れば地球の反対側だから、どんなルートを選んでも南米大陸は遠い。チリと日本の時差は、一二時間。そのため、行きは日本の月曜日に出発すると現地の火曜日に到着できるが、帰りは現地を金曜日に出発すると帰国は日本の日曜日だ。往復だけで、足かけ五日間を費やすことになってしまう。

しかも僕の場合、一度の海外出張で最低ふたつの仕事をこなすことにしているので、途中でカリフォルニア州バークレーに立ち寄って一〜二泊することも多い。チリでの滞在期間は一回あたり二〜三週間だが、その前後を含めると一ヶ月近く日本を離れることもある。

カリフォルニアからチリへ向かう場合は、いったんカナダのトロントに飛んで、そこから首都のサンティアゴに行くことが多い。そこで国内線に乗り換えて二時間ほど飛び、さらにバスで一〇〇キロほど移動すると、ボリビアとの国境に近いサンペドロ・デ・アタカマという町に着く。チリ北部の観光の拠点として知られているところだ。近くにはフラミンゴの見られる幻想的で美しい砂漠の塩湖がある。

ただし僕の職場は、もっと殺風景な場所にある。

寝泊まりするのはサンペドロのホテルだが、朝食を済ませると、弁当や水やトランシーバーなどを持って四輪駆動の車で出勤。およそ一時間の道のりだ。途中までハイウェイが整備されているが、最後はアタカマ砂漠のオフロードを走る。万が一の遭難に備えて、トランシーバーは必需品だ。車の故障や事故など不測の事態で立ち往生してしまったら、助けを呼ばなければいけない。

チリのアタカマ砂漠と聞くと、宇宙や天文学などに興味のある人は、ＡＬＭＡ望遠鏡のことを思い浮かべるだろう。正式名称は、アタカマ大型ミリ波サブミリ波干渉計（Atacama Large Millimeter/submillimeter Array）。標高約五〇〇〇メートルの高地砂漠に六六台もの高精度パラボラアンテナを設置し、それをひとつの電波望遠鏡として使う国際共同プロジェクトだ。高地は空気が薄いため空がきれいに見えるし、砂漠は水蒸気の影響も小さいので、天体観測に適している。

ＡＬＭＡは東アジア（日本が主導）、北米、ヨーロッパ、チリの諸国が協力して進める国際プロジェクトだ。六六台のアンテナのうち、一六台は日本製だ。

でも、僕が向かうのはそこではない。場所は同じアタカマ高地だが、ＡＬＭＡより少し標高の高い隣のエリアにも、小規模な実験施設がいくつかある。その中のひとつが、僕の職場だ。

こちらもＡＬＭＡと同じく国際共同プロジェクトで、アメリカ、カナダ、イギリス、イタリア、フランス、チリ、オーストラリア、そして日本の八ヶ国が参加している。カリフォルニア大学バークレー校や僕の所属するＫＥＫ（高エネルギー加速器研究機構）などを中心に、共同研究者が代わる代わる現地に赴き観測を行っている。

実験施設の名前は「ポーラーベア（ＰＯＬＡＲＢＥＡＲ）」という。

その名のせいで、「北極ですか？　南極ですか？」と聞かれることも多い（ちなみにシロクマは「ホッキョクグマ」というぐらいだから南極にはいない）。だが僕たちのポーラーベアは、氷に囲まれた極地ではなく、アンデス山脈の砂漠の片隅に、ひっそりとたたずんでいる。

ライバルとも物資を融通し合う過酷な環境

標高五〇〇〇メートルにある職場は、それなりに過酷だ。もちろん近くに商業施設などはいっさいないし、そもそも人が住んでいない（動物は結構いる）。

聞いた話では、ＡＬＭＡを建設したチリ人技術者たちはその敷地内でサッカーをしたそうだが、これは地元民ならではだろう。外国人の僕らは、しばらく酸素ボンベのお世話にならなければ、屋外では活動できない。血液に酸素がどれぐらい供給されているかを示す動脈血酸素飽和度が、観測初日は七〇％程度まで下がっている。放置しておけば、入院が必要になるレベルだ。

しかし僕の例だと、数日後にはその数値が九〇％を超え、酸素ボンベなしでも大丈夫。人体の高度順化能力は、なかなか大したものだ。マラソン選手などが心肺機能を鍛えるために高地トレーニングを行う理由がよくわかる。

ポーラーベアから一五〇メートルほど離れたところには、プリンストン大学を中心とする「ACT（Atacama Cosmology Telescope＝アタカマ宇宙論望遠鏡）」という研究グループの実験施設がある。研究内容が近いので、僕らとはライバル関係にあるのだが、お互い厳しい環境で仕事をしているので、協力し合うことも多い。実験に必要なヘリウムガスが不足したり、装置の部品が壊れたりすれば、「ちょっと貸してもらえますかね？」と融通し合うこともしばしばだ。

ACTの研究者が、こちらにトイレを借りにくることもよくある。ポーラーベアのほうが、ちょっと高級なトイレを設置しているからだ。標高五〇〇〇メートルの高地でわざわざ一五〇メートルも移動して借りにくるぐらいだから、よほど自分たちのトイレがイヤなのだろう。とくに女性研究者にとっては深刻な問題のようだ。

ちなみに、これはどうでもいい話だけれど、アタカマ高地ではポテトチップスがやけに旨《うま》い。べつに地元産でも何でもない、ごくふつうのポテチだ。乾燥した気候と相性がいいのかどうかよくわからないが、ついたくさん食べてしまう。もっとも、ほかのメンバーはそんなに食べないようなので、これは僕だけかもしれない。

ほかの国のメンバーに異様に好評なのは、日本から持ち込んだ「ごまドレッシング」だ。日本の食品メーカーは、これをもっと積極的に海外展開すれば、世界を席巻できるのではないだろうか。そう思ってしまうぐらい、ウケがいい。

現地に行く直前に、実験用のパーツなどを想定して「何か不足しているものはないか?」とメールで問い合わせたところ、「ごまドレッシングを業務用のボトルで買ってきてくれ」と頼まれたこともある。言われたとおりに巨大なボトルをスーツケースに押し込んで出かけたら、空港のX線検査でものすごく怪しまれた。

宇宙最古の光に刻まれた「ビッグバン以前」の痕跡《こんせき》

いきなり余談ばかり披露してしまったが、無論、僕はポテチやサラダを食べるためにそんなに遠くまで出かけるわけではない。目的は、物理学の実験だ。

では、そんなに不便な辺境で、いったい何を調べているのか。

ポーラーベアは、ＡＬＭＡ同様、宇宙に向けられた望遠鏡だ。ただし、観測のターゲットはまったく違う。

僕たちが見ているのは、「宇宙最古の光」である。

正しくは「宇宙背景放射」もしくは「宇宙マイクロ波背景放射」という。英語では“Cosmic Microwave Background”それを略して、僕らは「ＣＭＢ」と呼んでいる。

それがなぜ「最古の光」なのかは、追い追い説明しよう。その光が放たれたのは、およそ一三八億年前であることがわかっている。つまり、ＣＭＢは一三八億年前にこの宇宙で何が起きたかを「知っている」わけだ。

僕たちは、それをＣＭＢから教わろうとしている。何のために？　僕たちが生きているこの宇宙の起源を知るために、だ。言うまでもなく、それは僕たち自身の起源にほかならない。宇宙がなければ、僕たち人間も存在しなかった。

その大きな謎に迫るためのヒントが、ＣＭＢに隠されているに違いない——僕たちの実験グループだけではなく、世界中の多くの物理学者がそう考えている。なにしろ、そこには「ビッグバン以前」に起きたことの痕跡が刻まれている可能性があるのだ。

そう聞いて、意外に思う人もいるだろう。一般的に、ビッグバンは「宇宙のはじまり」とされている。はじまりならば、それ「以前」などあるはずがない。あったとしたら、「始業前」や「キックオフ前」が授業や試合の本番とは別物であるのと同じように、「ビッグバン以前」は宇宙とは別のものだ。

しかし現在の物理学では、ビッグバン以前のほんの短い時間にも、宇宙はあったと考えられている。僕らの宇宙の誕生直後に「ある奇妙な現象」があり、その後でビッグバンが起きたとする仮説が有力視されているのだ。

その仮説が正しいのかどうかを見極めることができれば、物理学や宇宙論は大きく前進するだろう。そして、ＣＭＢという「宇宙最古の光」には、それを知るための手がかりがあるはずだ。僕たちは、それを探すために（時にはポテトチップスを頬張《ほおば》りつつ）チリの砂漠から空を見上げている。

異星人にサッカーのルールは理解できるか？

古代ギリシャ時代にはじまった自然哲学以来、人類は自然界＝宇宙の根本原理を追い求めてきた。僕たちの目の前にある物質から、宇宙全体の成り立ちまで、この世に生じる森羅万象が、基本的にはそれひとつで説明できるような法則だ。

僕はそれを勝手に「宇宙のルールブック」と呼んでいる。

もちろん、そんなものがあるのかどうかは誰にもわからない。しかし、物理学はその長い歴史を通じて、いくつもの法則を発見してきた。まだ「根本」にまでは到達していないけれど、すでに多くの物理現象が原理的に説明できるようになっている。

また、それぞれ別の現象を支配していると思われた法則が、実は根本では同じものだとわかったことも少なくない。

たとえば一七世紀にニュートンが発見した万有引力の法則は、地上の世界と月や惑星などの宇宙空間の天体が同じ原理で動いていることを明らかにした。一九世紀にマクスウェルが確立した電磁気学は、電気と磁気の働きを同じ理論で説明した。いずれも、それ以前は別々の法則に支配されていると思われていたものだ。

そういった多くの成果を積み重ねてきたことで、僕たち物理学者は、あらゆる法則をひとまとめにする根本原理が存在すると信じて研究を進めている。さまざまな理論の「統一」が、物理学の大きな目標なのだ。

しかも、そのルールは、ハガキ一枚に書けるくらいシンプルなはずだ。僕はそう考えているし、少なくとも、その仮説を否定する根拠は今のところない。

では、どうすれば「宇宙のルールブック」に書かれた根本原理を知ることができるのか。それは、たとえば地球を訪れた異星人が何も知らずにサッカーの試合を見て、誰の説明も受けずに競技のルールを自力で理解するようなものだと思えばいいだろう。

その作業は、まず試合をよく観察することからはじまる。いや、異星人には「試合」という概念もないかもしれない。

周囲の大観衆が興奮して歌ったり飛び上がったりするのを見て、「これは祭りである」

という仮説を立てる可能性もある。勝ち負けのある試合だとわかっても、それを「見て楽しむ人たち」がいることを理解できず、スタンドの観客が選手に指示を出していると勘違いするかもしれない。

また、フィールドの中央にデカデカと描かれたセンターサークルの意味にこだわりすぎる者もいるだろう。実際はキックオフのときしか使わないのに、あの円とボールを持つ選手の距離などをいちいち計測して、方程式に当てはめたりするのだ。

ほかにも、たとえば競技場のあちこちに掲げられた広告や、ゴールを決めた選手のパフォーマンスなど、ルールの本質とはあまり関係のない要素はたくさんある。それを気にしすぎた「研究者」たちからは、本当のルールとはかけ離れた珍奇な仮説が次々と提案されるのではないだろうか。

理論家の唱える仮説は一〇〇のうち九九は間違っている

これまで物理学が長い時間をかけて行ってきた研究も、それと似たようなものだ。まずは自然界で起きている事実をじっくりと観察し、その意味を考える。観察すれば正しい意味が必ずわかるわけではないが、観察しなければ何もわからない。事実をきちんと認識することが何よりも大事だ。

もちろん、事実に基づいた仮説が間違っていることも多い。たとえば重力の存在が知られていなかった古代ギリシャ時代には、石が地面に落ちるのは「そこに含まれている土元素には本来の位置（地面）に戻ろうとする性質があるからだ」と考えた人もいた。かの有名なアリストテレスの仮説だ。

そういう「間違った仮説」はほかにも山ほどある。代表例は、やはり天動説だろう。太古の昔から、人間は天体の動きを詳しく観察してきた。かなり早い段階で、「事実」に対する認識は相当なところまで深まっていたわけだ。しかし、地球が宇宙の中心にあるという思い込みを捨てるまでには、長い時間が必要だった。

もちろん物体の動きは相対的なものだから、地球を中心に置いてすべての天体の動きを説明することもできなくはない。ただしその場合、惑星の動きなどはきわめて複雑で不自然なものになる。

しかし地動説が登場し、地球がほかの惑星と同じように太陽のまわりを回っていると考えた途端、天体の動きはきわめてシンプルに説明できるようになった。このシンプルな美しさこそが、僕たち物理学者が「宇宙のルールブック」に求めるものにほかならない。

現在も、「間違った仮説」はたくさんあるだろう。アリストテレスの「土元素」論やコペルニクス以前の天動説を笑うことはできない。今、宇宙の謎を解くために唱えられている仮説の大半は間違いだと断言できる。

なぜなら、理論物理学者は人と違うオリジナルな理論を考えなければ意味がないからだ。もし他人とまったく同じ理論を発表したら、剽窃《ひょうせつ》を疑われて非難されるか、「それは既出だ」と勉強不足を指摘されて恥をかくかのどちらかだろう。いずれにしろ、プロの学者にそんなことはあってはならない。

だから、同じ謎を説明する理論家が一〇〇人いれば、そこには一〇〇とおりの仮説がある。大枠の発想は似ているかもしれないけれど、ディテールはどれも少しずつ違うはずだ。ところが、自然界から投げかけられた問いに対する「正解」はたったひとつだけ。「あれでもこれでもいい」ということでは、法則とは呼べない。一〇〇の仮説のうち九九まではどこかが間違っているわけだ。

事実・仮説・法則を明確に区別することが大事

だからといって、理論家の仕事の大半が無駄だと言いたいわけではない。さまざまなアイデアをお互いに提示し合うことで議論が進み、理論はどんどん洗練されていく。常にオリジナルな仮説を考え続ける理論家は、リスペクトすべき存在だ。

ただ、仮説にすぎない理論を自然界の真実だと早合点してはいけない。理論家はみんな自説に自信を持っているので、「宇宙はこうなっている！」とまるで見てきたかのように主張するけれど、その多くは（土元素や天動説のように）いずれ間違いだったことがわかるだろう。

どの仮説が正解かを突き止める手続きは、犯罪捜査や裁判にも似ている。逮捕した容疑者が真犯人だと断定し、有罪判決を下すには、明白な証拠が必要だ。それと同様、自然現象という「事実」を説明する「仮説」が正しいと認められるためには、動かぬ証拠によってそれが裏づけられなければならない。誰もが「間違いない」と認める証拠が揃《そろ》ったとき、初めて「仮説」は自然界を支配する「法則」になる。

そこで重要な役割を担うのが、僕たち実験家（実験屋ともいう）にほかならない。昔の物理学者は理論と実験の両方で大きな実績を挙げることも多かったが、理論が複雑化し、実験も専門性が高まってきたことで、今は基本的に分業体制になっている。

その役割分担は、理論家が提案した仮説を実験家が検証するだけではない。誰も予想しなかった新事実を実験家が発見し、それを説明する仮説を理論家が考えざるを得ない状況になることもある。そうやって両者が連携し、車の両輪のように物理学を前進させているわけだ。

そこでは常に、「事実」「仮説」「法則」を明確に区別することが求められる。どんなに説得力のある理論でも、実験による検証がなされるまではただの仮説にすぎない。誰もが「たぶんこれで間違いないだろう」と考える説でも、最後の最後まで疑い続ける姿勢が必要だ。仮説の正しさを証明するだけでなく、間違いであることを証明するのも、実験家にとって重要な仕事だ。

そして僕たちのような実験家は、むしろそれを期待しているようなところがある。もちろん理論的な予言どおりの現象を発見すれば大きな達成感が得られるけれど、有力視されていた仮説を覆す新事実を発見し、理論家に「はい、出直してきてください」と突きつけることにも大きな喜びを感じるのが実験家だ。

ちょっと意地悪に思われてしまうかもしれないけれど、それが実験家の本音だろう。それぐらいの意欲がなければ新しい発見はできないし、理論家も実験家からのそんな挑戦を待っている。彼らは彼らで、「うわ、そんなことが発見されてしまったのか」などと言いながら、新しい理論を考えるフロンティアが生まれるのを歓迎しているに違いない。

「そんなバカな」と思う理論が勝つのが物理学

これまで物理学の世界では、たびたび従来の「常識」が覆されてきた。みんなが正しいと思う理論が本当に正しいとはかぎらない。逆に、ほとんどの人が「そんなバカげたことがあるか」と思うような過激でキテレツな理論がしばしば勝利を収めるのが、この学問の面白いところだと僕は思っている。

だから、珍奇に見える仮説を鼻で笑ったりすることはできない。それこそ、サッカーの観客を選手の一部と考えるのに似た勘違いをしているように見えても、その仮説が実験で検証される可能性はある。

過激でキテレツな理論というと、あまり知られていないマイナーな分野の話だと思うかもしれないが、決してそんなことはない。

たとえば地動説にしても、多くの人が直感的に「そんなことはあり得ない」と感じたからこそ、天動説が長く支持されていたのだろう。現代のわれわれだって、知識として地球が太陽のまわりを回っていることを理解してはいるが、それを実感するのは難しい。どう見ても地球を中心に太陽や星が回っているようにしか思えないのだから、地動説は実に過激でキテレツだ。

現代物理学を支えているふたつの重要な理論も、およそ常識で理解できるものではない。アインシュタインの相対性理論と、量子力学だ。

どちらも一〇〇年ほど前に登場したもので、現在はこの二本柱がなければ物理学も宇宙論も成り立たない。大ざっぱにいえば前者はマクロな物質世界、後者はミクロな物質世界を支配する法則だと思ってもらえばいいだろう。

しかしその中身は、「いったい何をおっしゃっているんですか?」とポカンとしてしまうほどキテレツだ。

たとえばアインシュタインは一九〇五年に発表した特殊相対性理論で、「質量とエネルギーは本質的に同じ」であることを明らかにし、当時の物理学者たちを驚かせた。有名な「$E=mc^2$」という式が、それを表している。Eはエネルギーで、mが質量、cは光速だ。光速は秒速約三〇万キロメートルという大きな数字だから、わずかな質量が莫大《ばくだい》なエネルギーに変換されることをこの式は示している。

質量がエネルギーに変換されるなんて、それまで誰も思いつかなかったに違いない。

キテレツだが正しかった相対性理論と量子力学

また、アインシュタインが重力理論として一九一五年に発表した一般相対性理論では、重力の影響によって時間が遅れたり、物体の質量によって空間が歪《ゆが》んだりすることが明らかにされた。これまた、とんでもなく直感に反する奇妙な話だ。まともな感覚では、何のことかさっぱりわからない。

しかし、これもすでにさまざまな実験によって検証されている。もっとも有名なのは、イギリスの天文学者アーサー・エディントンが皆既日食時に行った観測だ。

皆既日食になると、ふだんは太陽の明るさに邪魔されて見えない星が見える。もし太陽の質量によって空間が曲がるなら、太陽の近くに見える星からの光も曲がり、本来の位置からはズレて見えるはずだ——アインシュタインは自らの論文でそう予言していた。

それを裏づけたのが、エディントンの観測だ。観測された位置のズレ具合は、アインシュタインが理論的に予想した値と見事に一致していた。空間は、たしかに歪んでいたのだ。理論を覆すものではなかったとはいえ、これぐらい「常識」に反するキテレツな予言を裏づける証拠を見つければ、実験家冥利《みょうり》に尽きるかもしれない。

ちなみに、重力の影響で時間が遅れることは、今や誰もがスマートフォンやカーナビなどでお世話になっているＧＰＳが正確に作動していることが何よりの証拠になっているのをご存じだろうか？　ＧＰＳの時計は、アインシュタインの理論に基づいて補正されているのだ。

その補正がなければＧＰＳの計算はどんどんズレていき、一日で約一一キロメートルもの誤差が生じてしまう。直感では信じられないような奇妙な理論が、すでに身近なところで実用化されているわけだ。

その点は、現代物理学のもうひとつの柱である量子力学も変わらない。「光は粒であると同時に波でもある」とか、「位置と速度（もしくは時間とエネルギー）を同時に正確に測定することはできない（不確定性原理）」など、こちらも相対性理論に負けず劣らずワケノワカラナイコトを言うが、その理論を前提にして成り立っている技術は世の中にたくさんある。つまり、「正しい」のだ。

ここでは、一例だけ紹介しておこう。パソコンなどのデータを記録するフラッシュメモリには、量子力学的な現象のひとつである「トンネル効果」が使われている。トンネル効果とは、「時間とエネルギーの不確定性原理」がもたらす奇妙な現象だ。

たとえばマクロの世界（僕らが暮らしている日常的な世界）では、壁にぶつけたボールが向こう側にすり抜けることなどあり得ない。ところがミクロの世界では、そんな不思議なことが起こる。ボール（粒子）を壁の高さまで投げ上げるだけのエネルギーがないはずなのに、ある確率でボールが壁を乗り越えてしまうのだ。それがまるで壁を通り抜けるように見えるので、「トンネル」効果と名づけられた。

フラッシュメモリはこの効果を利用してデータの書き込みや削除を行う仕組みになっている。相対性理論と同じく、量子力学も身近なところで僕たちの生活の役に立っているのである。

ノーベル賞にもつながった加速器実験

このように、物理学の世界では「そんなバカな」と思われるような仮説であっても、軽視することができない。決して奇をてらうつもりではなく、事実としての自然現象を真正面から受け止めてその意味を考え、真面目《まじめ》に「王道」を歩んでいるのに、気がつくとキテレツな仮説に到達してしまうのが、この学問の醍醐《だいご》味《み》のひとつだ。

そういう仮説は、常識外れだからこそ、検証が容易ではないことも多い。理論家のアイデアが奇想天外なものであればあるほど、それを検証する実験家にも新しいアイデアや技術が求められる。テクノロジーの発達によって、かつては「検証不能」と思われていた仮説を実験で確かめられるようになるケースも珍しくない。そういうプロジェクトに関《かか》わることができるのは、実験家にとって大きなチャンスだ。

僕自身も、かつて「キテレツな理論」の検証に成功したことがある。自分ひとりでやったのではなく、大きな実験グループの一員として成し遂げた仕事だ。

それは、ノーベル物理学賞にも結びつく実験だった。受賞したのはその仮説を提唱した理論家だが、どんなに見事な理論でも、実験による裏づけが得られなければノーベル物理学賞は与えられない。

たとえば二〇一三年にピーター・ヒッグスとフランソワ・アングレールが受賞したのも、その前年にCERN（欧州原子核研究機構）の加速器実験で彼らの予言どおりにヒッグス粒子が発見されたからだ。理論そのものは、一九六四年に発表されていた。理論の発表からノーベル賞受賞まで、半世紀近くかかっている。

僕が関わったのも、加速器実験だ。今でこそチリの砂漠で宇宙に望遠鏡を向けているが、僕はもともと加速器を使う素粒子物理学の実験が専門だった。

素粒子物理学は、物質の根源を求めて「自然界でもっとも小さなもの」を扱う学問だ。この世の物質をバラバラにしていくと、その最小単位は何なのか。そもそも、最小単位なるものは存在するのかどうか――この問題意識は、やはり古代ギリシャ時代からあった。

そこで、最小単位は「ある」と考える人々が唱えたのが「原子論」だ。だから、その仮説の登場からおよそ二〇〇〇年の時を経て、分子を構成する粒子が存在するとわかったとき、その基本粒子は「原子（アトム）」と呼ばれた。

しかし、やがて原子も基本粒子＝素粒子ではなく、もっとバラバラにできることが判明する。原子核のまわりを電子が取り巻くという内部構造があることがわかったのだ。さらに、その原子核も素粒子ではなく、陽子と中性子という内部構造を持っていた。しかし、話はまだ終わらない。陽子と中性子も、素粒子ではなかった。どちらも、三個のクォークによって構成されていることがわかったのだ。今のところ、このクォークや電子などは物質の最小単位である「素粒子」だと考えられている。

そして、僕が加速器による検証実験に関わったのは、そのクォークにまつわる理論だった。二〇〇八年にノーベル物理学賞を受賞した「小林・益川理論」である。

Bファクトリーで小林・益川理論の正しさを検証

一九七三年に発表されたその理論は、実に大胆なものだった。なにしろ、クォークがまだ三種類しか見つかっていないときに、「クォークは六種類以上あるはずだ」と予言したのだ。もしクォークが六種類以上あれば、「CP対称性の破れ」という現象を理論的に説明できる。

これは、「消えた反物質の謎」という宇宙論における大問題にも関わる現象だ。CP対称性の破れが起こらないと、宇宙では物質と反物質が同じ数になり、どちらも消滅してしまう（映画『天使と悪魔』を見た人は、物質と反物質が出会うと爆発して消滅することを知っているだろう。あれは理論的に正しい）。ところが現実の宇宙では反物質が消え、物質だけが残った。小林・益川理論は、それを説明する上で重要な意味を持つ。

犯罪捜査になぞらえるのは失礼かもしれないけれど、この理論は、事件の関係者が三人しか判明していないときに、名探偵が「犯行グループの協力者があと三人いれば、この犯行は可能だ」と推理したようなものだ。推理小説なら、刑事が「いやいや、そんなのどこにいるんですか」とボヤくところだろう。

しかし、その推理は正しかった。それまでクォークはアップ、ダウン、ストレンジの三種類しか見つかっていなかったが、一九九五年までに、チャーム、ボトム、トップという三種類が見つかり、全部で六種類になったのだ。

では、CP対称性の破れは小林・益川理論の予言どおりに起こるのかどうか。僕が参加した実験グループが行ったのは、その検証作業だった。KEKのBファクトリーという加速器で電子と陽電子（電子の反粒子）を高エネルギーで衝突させ、さまざまな粒子を作り出す。僕は、衝突でできた粒子を記録する検出器の心臓部を担当し、装置が無事動き出してしばらくしてからは、データを解析するグループのリーダーを務めた。

Bファクトリーの運転開始は、一九九九年。二年後の二〇〇一年に、僕たちは小林・益川理論の正しさを裏づけるCP対称性の破れを発見した。「宇宙のルールブック」に、ほんの少し近づけたと言えるだろう。理論と見事に一致する答えを最初に見たときは、自然界の奥底に素手で触れたような感覚があった。感動した。

クォークが六種類発見され、CP対称性の破れも確認されたことで、小林誠さんと益川敏英さんは二〇〇八年にノーベル物理学賞を受賞した。素粒子物理学の最前線で、そのような重要な発見に関われたことは、今でも誇りに思っている。

実は同じことを追い求めている素粒子物理学と宇宙論

小林・益川理論は、「素粒子の標準模型」と呼ばれる大きな理論体系に含まれる重要な柱のひとつだ。原子核に内部構造があるとわかって以来、世界の素粒子物理学者たちがこの標準模型を完成させるための努力を続けてきた。二〇一二年にヒッグス粒子が発見されたことで、それは一応の完成を見たと言えるだろう。

それによれば、物質はクォークや電子など一二種類の基本粒子からできており、その物質粒子同士のあいだで働く三つの「力」も素粒子によって伝えられる。「電磁気力」「強い力」「弱い力」の三つだ（自然界にはもうひとつ「重力」が存在するが、これは素粒子の標準模型では扱わない）。

電磁気力以外のふたつはミクロの世界でしか働かないので日常的には馴染《なじ》みがないが、強い力は陽子や中性子を束ねて原子核を作り、弱い力は原子核を崩壊させるときなどに作用している。それらの力を伝える素粒子は、四種類。最後に発見されたヒッグス粒子は、ほかの素粒子に質量を与える役割を持っている。

以上の一七種類の素粒子によって物質世界のあり方を説明するのが、標準模型だ。まだ謎は多く残されているが、物質の根源に迫ったこの理論体系は、二〇世紀物理学の金字塔と呼んでいい。小林・益川の二人だけでなく、湯川秀樹、朝永《ともなが》振一郎、南部陽一郎などのノーベル物理学賞受賞者も、この標準模型の構築に大きく貢献した。僕はそういう分野で、加速器実験の専門家として仕事をしてきたわけだ。

そんな人間が、なぜ、今はアタカマ砂漠で宇宙を見上げているのか。

素粒子物理学が「自然界でいちばん小さなもの」を扱うのに対して、宇宙論は「自然界でいちばん大きなもの」を研究する分野だ。まさに両極端の世界だから、素粒子の分野にどっぷり浸かっていた僕が宇宙論に転身したのを不思議に思う人もいるだろう。実際、八年ほど前にCMBの実験をはじめるまでの僕は、こと宇宙論に関しては、とても専門家と呼べるような知識を持ち合わせていなかった。

でも、小林・益川理論が宇宙の謎を解くひとつのカギにもなっているように、素粒子論と宇宙論は決して無関係ではない。いや、むしろ大いに関係がある。

それは、昔の宇宙が小さかったからだ。

現在、宇宙はどんどん膨張して大きくなっているから、時計を逆回しにすれば、過去に遡《さかのぼ》るほど小さかったと考えるしかない。だから、もっとも小さな素粒子の世界を追いかけていくと初期宇宙の世界にたどり着き、昔の宇宙を追いかけると素粒子の世界にたどり着く。その意味で、この自然界は自分の尾を飲み込む「ウロボロスの蛇」のようなものだ。かけ離れたものに見える素粒子物理学と宇宙論は、実のところ、同じものを研究しているのだと言っていいだろう。どちらも「宇宙のルールブック」を追い求めていることに変わりはない。

そして、宇宙がまだものすごく小さかったときに起きたのが、ビッグバンだ。「宇宙最古の光」であるCMBは、そのビッグバンによって生まれた。素粒子物理学の専門家が興味を持つのは、少しも不思議ではない。興味を持つどころか、今の僕はその「宇宙最古の光」に恋をしてしまったような状態だ。

では、ビッグバンとはどのような現象だったのか。そこから放たれたCMBは、なぜ現在の地球で観測できるのだろう。次の章では、それについてお話ししようと思う。

第二章　ビッグバンとＣＭＢ

病院から宇宙へ

素粒子物理学の世界で生きてきた僕が、宇宙の観測に乗り出すことを考えはじめたのは、実は病気がきっかけだった。二〇〇五年のことだ。海外出張から帰国した後、息が苦しくなり、検査のため入院していた病院でバッタリと倒れた。深部静脈塞栓《そくせん》症からの肺塞栓。いわゆるエコノミークラス症候群だ。

仕事は山積みだったが、最悪の場合は死んでしまうこともある病気だ。主治医からは、致死率三〇％と聞かされた。こうなると入院せざるを得ない。当時、僕は四一歳。「厄年とはこういうものか」とも思った。

三週間ほど入院するハメになったが、最初の危険な状態を脱すると、とくに苦しいことはない。本当は超多忙なはずなのに、突然ポッカリと休暇をもらったような状態になった。だからといって旅行に出かけるわけにもいかないが（そもそも長旅が病気の原因だ）、ゆっくりとものを考えたり調べたりすることはできる。

そこで僕は、いつもと違うことを考えることにした。近い将来、もしＫＥＫが宇宙観測に乗り出すとしたら、どんなテーマがふさわしいか。それを検討してみようと思ったのだ。

入院中に調べられることは限られていたけど、これは魅力的なテーマなので、退院してからも断続的に考えた。当時は、素粒子物理学と宇宙論的な観測が深いところでつながっていることが、かつてないほど強く実感される状況だった。素粒子論におけるさまざまな謎を解くためには、加速器実験に加えて、宇宙観測が不可欠だ。ＫＥＫは「高エネルギー加速器研究機構」だから基本的には加速器を使う研究がメインだが、そこで培った技術を宇宙観測に活《い》かせるなら、そちらに足を踏み入れるのも悪くないだろう。新しい分野へのチャレンジは、ＫＥＫにとっても、僕自身にとっても、大きな刺激になる。

宇宙の観測や実験のプロジェクトは、多種多様だ。スペースシャトルで打ち上げられたアメリカのハッブル宇宙望遠鏡のように地球の外で観測する手法もあれば、日本のXMASS実験のように、宇宙から降ってくる粒子を地下の実験装置でキャッチするものもある。ちなみに神岡鉱山の地下一〇〇〇メートルに設置されたXMASSは、暗黒物質（ダークマター）と呼ばれる謎の物質の検出が目的だ。まったく正体不明だが、それが宇宙に大量に存在することだけはわかっている。

しかも暗黒物質は、前章で紹介した素粒子の標準模型で記述できる通常の物質とは別物で、量がそのおよそ五倍もあるというのだから大問題だ。自然界の物質をすべて説明できると思われた標準模型が、実は物質のほんの一部にしか通用しないのだから、暗黒物質の解明は素粒子物理学の大きな課題であることは言うまでもない。また、暗黒物質の重力は星や銀河の形成に関与したと考えられているので、宇宙論における重要テーマでもある。

そういう魅力的なテーマは、調べてみるとほかにもたくさんあった。しかし、すでに日本でも行われているものに手を出すのは面白くないし、KEKでやる以上は加速器実験の技術や経験を活かせるものでなければ意味がない。

そこで目をつけたのが、「CMB（宇宙背景放射）観測によるインフレーション理論の検証」というテーマだ。僕のログノートには二〇〇五年五月一四日にCMBについて「偏光も測定できて、重要な情報らしい」と書いてあるので、その頃が「出会いの時期」だったわけだ。インフレーションについては後ほど詳述するが、これは物価や経済の話とは何の関係もない。「ビッグバン以前」に起きたと思われる現象が、このインフレーションだ。したがって、決してマイナーなテーマではない。それどころか、宇宙論の分野では超メジャーな仮説を検証する実験だ。しかも、素粒子の標準模型を超えた新しい物理の仮説の検証だ。

ところが、欧米ではすでに実験計画がスタートしていたものの、なぜか日本ではそれがあまり注目されていなかった。おまけに、欧米の計画を見てみると、加速器実験のノウハウをふんだんに活かせそうだ。

「これをKEKでプロジェクト化する！」――いろいろ調べた結果、僕はそう心に決めた。退院から一年ぐらい経《た》った二〇〇六年の四月頃だった。研究グループを立ち上げるにはそれからさらに一年以上を要した。あのとき僕が病気で倒れていなかったら、まだ日本はこの分野に本格的に手を出していなかったかもしれない。

ハッブルの驚くべき発見

さて、僕がチャレンジしている実験――CMB観測によるインフレーション理論の検証――のことを理解してもらうためには、いささか準備が必要だ。そもそもCMB＝宇宙背景放射とは、どういうものなのか。それ以前に、CMBを生んだビッグバンが大昔に起きたことが、なぜ「事実」だと考えられるのかについても説明しなければいけない。

前にも言ったように、現在のわれわれは宇宙がビッグバンではじまったことを常識として受け入れている。たぶん小学生でも、知っている子は多いだろう。

でも、二〇世紀に入っても、ビッグバン理論はかつての地動説と同様、誰も考えたことのない話だった。それまで信じられていたのは、「宇宙は静的である」という考え方だ。宇宙は膨張も収縮もせず、昔も今も将来も変わらない。誰でもふつうはそう考えるだろう。見た感じ、宇宙空間は星や銀河の「容《い》れ物」みたいなもので、膨らんだり縮んだりするとは思えない。それこそサッカーのルールを研究する異星人も、まさかフィールドのサイズが伸び縮みするとは思わないだろう。「枠組み」は一定という前提で、その中で起こるボールや選手の動きに注目するはずだ。

空間が物体の質量によって歪むことを見出《みいだ》して、従来の常識を覆したアインシュタインも、宇宙空間は静的だと考えていた。宇宙を静的に保つために、一般相対性理論の方程式に「宇宙定数（宇宙項）」と呼ばれる定数を書き加えたぐらいだ。

ところが一九二九年に、驚くべき事実が発見される。アメリカの天文学者エドウィン・ハッブルが、遠くの銀河ほど地球から速いスピードで遠ざかっていることを、望遠鏡による観測で明らかにしたのだ。正式には「遠方銀河の赤方偏移の発見」と言う。

赤方偏移とは、遠ざかる物体から発せられた光の波長が伸びて、色で言うと「赤」に近いほうにズレる現象のこと。これと似ているのは、音のドップラー効果だ。

たとえば救急車のサイレンがそうであるように、近づいてくる音は高くなり、遠ざかる音は低く聞こえるようになる。近づく（つまり届く距離が短くなる）と音波が縮まって波長が短くなり、遠ざかる（つまり届く距離が長くなる）と逆に音波が引き伸ばされて波長が長くなるからだ。

それと同じことが、電磁波でも起こる。「光の話だったのに、なぜ電磁波？」と思った人もいるだろうが、人間が肉眼で見ることのできる可視光は、電磁波の一種だ。僕ら物理学者はその電磁波のことも広い意味での「光」と呼ぶので、覚えておいてほしい（ちなみに宇宙最古の「光」であるCMBも可視光ではないので肉眼では見えない）。

電磁波の一種である可視光は、波長によって見える色が違う。太陽の光をプリズムに通して虹《にじ》を作る実験を、小学校などで経験した人も多いだろう。あの七色の中でもっとも波長が長いのが赤、波長が短いのが紫だ。こちらに近づく音が高くなるのと同様、近づく可視光は波長が短くなって色が紫に近づき、遠ざかる可視光は色が赤に近づく。だから、銀河から地球に届く可視光がどれだけ「赤方」に「偏移」するかを調べると、その銀河が遠ざかる速度が計算できるのである。

そしてハッブルは、その速度が遠い銀河ほど速いことを突き止めた。これは、「事実」に基づく「仮説」ではない。図1は（四八ページ）後年の観測データに基づくグラフだが、地球からの距離（横軸）と遠ざかる速度（縦軸）の関係を見ると、右肩上がりの直線に見事に乗っている。これぐらいきれいに比例関係が実証されると、もう仮説ではなく「法則」と呼んでかまわない。

実際、銀河の離れる速度が距離に比例することは「ハッブルの法則」と呼ばれている。この法則は一般相対性理論で説明がついてしまう。ただし、宇宙定数がないバージョンのほうだ。それを知ったアインシュタインは、宇宙定数を加えたことは「我が生涯の最大の過ちであった」と述べたそうだ。

膨張しているなら宇宙には「はじまり」があるはず

ハッブルが観測したのは銀河の動きであって、「容れ物」である宇宙空間ではない。一見すると、ここで「動的」なのは銀河であって、宇宙は相変わらず「静的」なままでいいような気がするだろう。

しかし、銀河は単に動いているだけではない。お互いの距離が二倍なら速度も二倍、三倍の距離なら速度も三倍という法則性は、「銀河は動いてるんですね」というだけの説明で納得できるものではないだろう。大きさも重さもそれぞれ異なる銀河がこれだけ規則正しく位置関係を変えているのには、何か理由があるはずだ。

では、どうして銀河はそんなふうに離れていくのか。これは、宇宙空間全体が膨張して

図1 ハッブルの法則

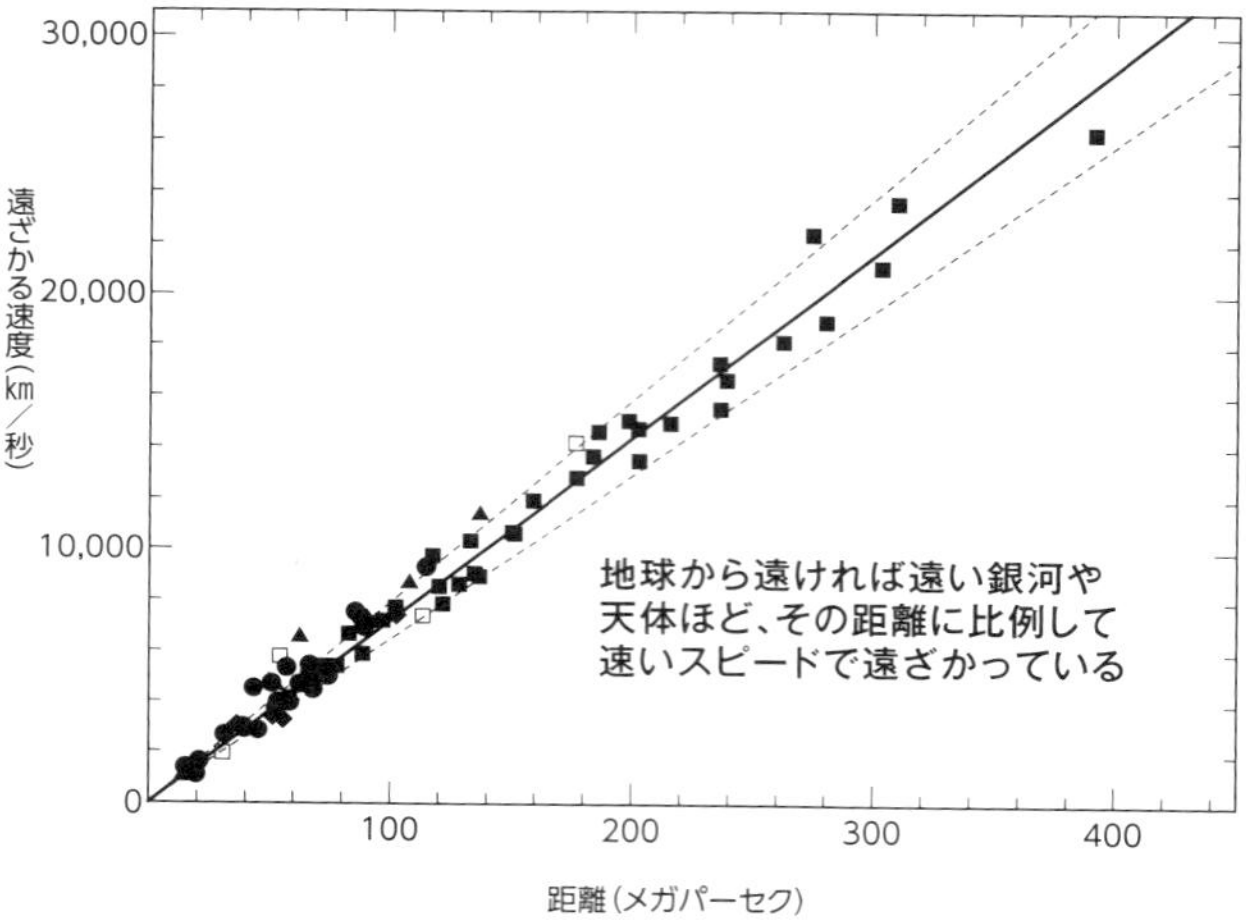

※1メガパーセク=約300,000,000,000億km

いると考えると説明がつく。

立体的な三次元空間だとイメージしにくいので、次元をひとつ落として、平面の二次元空間で考えてみるといい。伸び縮みするゴムシートに碁盤のような線を引いて、全体を引き伸ばすと、どうなるか。当然、碁盤の目と目の距離は遠ざかる。今、ある目を基準に選んで、他の目を見てみよう。もともとの距離が遠い目ほど、その距離に比例したスピードで遠ざかっていく。この平面宇宙に中心はなく、どの目を基準に選んでも遠ざかり方は変わらない。

この「碁盤の目」の上にある碁石がひとつひとつの銀河だと考えれば、答えは明らかだろう。宇宙空間全体が膨張しているから、遠くの銀河ほど速く遠ざかるように見える。そう考える以外に、この事実を説明する方法はない。ハッブルの発見は、「宇宙の膨張」というとんでもない事実を突きつけたのだ。この発見を受けて、アインシュタインが自ら方程式に書き加えた「宇宙項」を取り下げたことは、よく知られている。

これによって、人類の宇宙観は根底からひっくり返ったと言っていいだろう。永遠不変の静的な宇宙なら、昔のことも未来のことも考える必要はなかった。しかし膨張しているとなると、そうはいかない。

空間がどんどん大きくなっているということは、昔の宇宙は小さかったということにほかならない。極限まで時間を遡れば、その膨張の「スタート地点」、つまり宇宙の「はじまり」があったことになる。

それまでは、宇宙の研究と言えば、惑星の運動や星の構造や銀河の成り立ちなど、空間に浮かぶ天体が主な対象だった。星や銀河がどのように生まれたのかという「起源」を考える人は大勢いたに違いない。

ところがハッブルの発見によって、突然、「宇宙そのものの起源」が重大な問題として出現した。当時の物理学者たちは、さぞや驚き、また、興奮したのではないかと思う。ちょっと、羨ましい。出会った謎が大きければ大きいほど、喜々としてそれに挑むのが物理学者の習性だからだ。

「ドッカーン仮説」を裏づける証拠は何か

そして、多くの物理学者がその謎に挑む中から出てきたのが、「ビッグバン仮説」だった。提唱者は、ロシア出身のアメリカ人物理学者、ジョージ・ガモフだ。

その理論によれば、誕生したばかりの宇宙は超高温・超高密度の「火の玉」だったという。現在の宇宙には星や銀河をはじめとして大量の物質があるので、それをギューッと小さな空間の中に圧縮すれば、密度も温度も高まるはずだという理屈である。その熱い「火の玉」からはじまった宇宙が、膨張するにつれて温度や物質の密度が下がり、現在の状態になったとガモフは考えた。

ただし、その火の玉を最初に「ビッグバン」と呼んだのはガモフではない。ガモフの理論に対抗して別の理論を提唱したライバル学者だ。その名をフレッド・ホイルという。

ホイルは、ハッブルの発見を受けてもなお、宇宙に「はじまり」があったとは考えなかった。そこで唱えたのが、「定常宇宙論」だ。これは、アインシュタインが想定していた「静的な宇宙」とはちょっと違う。ホイルは、宇宙空間が膨張していることは認めたが、それに応じて物質の量も増えると考えた。したがって、宇宙空間の物質密度は過去も現在も未来も変わらない。「定常」な宇宙であり続けるというわけだ。

そういう信念を持っていたホイルだから、ガモフの火の玉説は荒唐無稽《むけい》なものに思えたのだろう。そこで蔑称《べっしょう》のつもりで使ったのが「ビッグバン仮説」なる言葉だ。あえて粗雑な日本語に訳すなら、「ドッカーン仮説」となるだろうか。

「ガモフたちのドッカーン仮説によれば、宇宙はこうはじまったらしいけど……」

ビッグバンと言うと日本人の耳にはちょっとカッコイイ響きがあるけれど、こんなふうに書いてみると、論敵を挑発して使ったことがよくわかる。

ともあれ、どんな言葉で揶揄《やゆ》しようが、ガモフ説もホイル説もそのままではただの仮説にすぎない。どちらが正しいか決着をつけるのは理論家同士の議論ではなく、実験や観測によって得られる証拠だ。それを見つけたとき、「仮説」は「法則」になる。

しかし、大昔の宇宙が「火の玉」だったことを示す証拠が、現在の宇宙で手に入るのだろうか。刑事事件の捜査なら、たとえば数日前に犯人が捨てた証拠品や携帯電話を現場近くの川底から発見することもできるだろう。いや、それだって時には失敗する。そう考えると、この広大な宇宙で、遠い昔に起きた「事件」の証拠を見つけるのは難しそうだ。

だが、ガモフのビッグバン理論はある予言をしていた。もし過去の宇宙が熱い火の玉だったとすれば、そのときの光が現在の宇宙にも残っているはずだという。ただし、それはビッグバン当時の姿そのものではない。小さな宇宙空間を満たした光は、その後宇宙空間が膨張したことによって波長が引き伸ばされている。

ガモフの計算によれば、その光は「マイクロ波」と呼ばれる電磁波になっているはずだった。可視光や赤外線よりも波長の長い電磁波で、一般的には「電波」と呼ばれるものの一種だ。ラジオやテレビの放送に使われる電波よりは波長が短く、身近なところでは、電子レンジでマイクロ波が使われている。周波数でいうと、二・四五ギガヘルツ。インターネットの無線ＬＡＮもそれと近い周波数の電波なので、無線ＬＡＮを使っている家庭では、電子レンジを同時に使うと電波障害を起こすこともある。

そんな身近な電波が宇宙の「はじまり」に関係しているというのは、ちょっと不思議な感覚だ。しかし、宇宙が「ドッカーン」とはじまったならば、今の宇宙ではそのマイクロ波が全天から同じように発せられているに違いない——それが、ガモフの予言だった。

言うまでもなく、これが「宇宙マイクロ波背景放射（CMB）」にほかならない。僕が恋をしたCMBは、ビッグバンの痕跡、残照なのである。

ベル研究所の角笛アンテナが受信した謎のノイズ

ビッグバン理論の予言する宇宙マイクロ波背景放射が発見されたのは、一九六四年のことだった。僕の生まれた年だ。論文が発表されたのは翌一九六五年だから、僕はこの本を「CMB発見五〇周年」の年に書いていることになる。ただの偶然ではあるけれど、何となく因縁めいたものを感じなくもない。

CMBの発見も、ある意味では「偶然」だった。発見者は、そんなものを見つけるための仕事をしていたのではなかったからだ。

その奇妙な電波を受信したアーノ・ペンジアスとロバート・W・ウィルソンの二人は、アメリカのベル電話研究所（現在のベル研究所）で働く研究者だった。一九六四年当時に手がけていたのは、人工衛星を利用した長距離通信プロジェクトで開発された「角笛アンテナ」と呼ばれる巨大なアンテナを電波天文学に転用する仕事だった。

ところが、アンテナをどの方向に向けても、ある周波数のノイズが入る。それを除去しなければ、彼らの仕事は進まない。しかし、これができなかった。何らかの天体現象から生じる電波であれば、その天体のない方向にアンテナを向ければ解決するはずだが、そのノイズはあらゆる方向からやってくる。

ならば原因は空ではなく、アンテナそのものにあるに違いない――そう考えたペンジアスとウィルソンは、アンテナ本体に「皆さんご存じの白い物質」を見つけて、それを取り除いたとウィルソンはノーベル賞記念講演で語っている。やけに謎めいているが、何のことはない、これはハトの糞《ふん》のことだ。アンテナにハトが巣を作っていたのでその糞のせいでノイズが生じているのではないかという「仮説」を立てたのである。

涙ぐましい努力だが、二人が必死にアンテナ掃除をしても、ノイズは消えなかった。僕もポーラーベア実験で「いかにノイズを減らすか」という課題に直面しているから、彼らの落胆はよくわかる。

ただし、それが結果的に「世紀の大発見」になったのだから、世の中はわからない。もっと落胆したのは、ちょうどその頃、CMBを発見するための実験を準備していたプリンストン大学の俊英たちだろう。

プリンストン大学は、ベル研究所の角笛アンテナから一時間ほどで行ける場所にある。ペンジアスとウィルソンの苦労を知った人が仲立ちして、プリンストン大学のグループのリーダーだったロバート・ディッケにペンジアスが電話をかけることになった。その電話を切ると、ディッケはグループの仲間たちに向かってこう言ったという。

“Well, boys, we've been scooped.”（諸君、われわれは出し抜かれたよ）

同じ実験物理学者として、できれば一度も口にせずに研究人生を終えたい台詞《せりふ》である。

ともあれ、こうして「ビッグバンの証拠」が発見された。ペンジアスとウィルソンには、一九七八年にノーベル物理学賞が与えられている。存命なら、おそらくガモフも受賞したことだろう。しかし残念ながら、ビッグバン理論の提唱者は一九六八年に死去していた。

ただ、生きているあいだにCMBが発見されたことは、大いに喜んでいたに違いない。

遠いほど「過去」が見える天然のタイムマシン

ともあれ、昔の宇宙が超高温・超高密度の「火の玉」だったことは、これで明らかになった。現在では、それがおよそ一三八億年前だったこともわかっている。

では、一三八億年も前に起きた「ドッカーン」の光が、なぜ現在の地球で見られるのだろうか。ふつうに考えたら、これまた奇妙な話だ。ドッカーンと打ち上がった花火は、あっという間に消えて見えなくなってしまう。

でも、これは不思議でも何でもない。光（電磁波）には、有限の速度があるからだ。前述したとおり、その速度は秒速約三〇万キロメートル。一秒間に地球を七周半してしまうほど速い。アインシュタインの特殊相対性理論によれば、これは宇宙の最高速度だ。どんな物質も、光速を超えて移動することはできない。

ものすごく速いとはいえ、光の移動には時間がかかるのだから、僕らの目に見えるのはすべて「過去」だ。音速（空気中では秒速三四五メートル前後）は光速よりかなり遅いので、打ち上げ花火は見えてからしばらくして「ドッカーン」と聞こえるが、花火の光も打ち上げと同時に届いているわけではない。距離が短いのでほぼ同時に感じられるけれど、実際に見ているのは「ほんのちょっと前の花火」だ。

距離が遠くなれば、見えるまでにかかる時間はどんどん長くなる。たとえば太陽から地球までの距離は約一億五〇〇〇万キロメートル。光速でも、これだけ長いと八分ぐらいかかる。地球で僕たちが見ているのは、「八分前の太陽」だ。したがって、突如として太陽が消えてなくなっても、八分間はそれに気づかない。「過去」を見ているから、今は存在しないものでも見えるのである。

さらにアンドロメダ銀河ぐらい遠くなると（とはいえ銀河系からいちばん近い銀河だが）、地球人が見ているのはおよそ二三〇万年前の姿だ。光速で二三〇万年かかるので、この距離を二三〇万光年という。

そんなわけだから、宇宙の観測は常に「過去」しか見ることができない。見ている天体が今あるのかどうかわからないのはちょっと不安な気持ちにもなるけれど、これはいわば「天然のタイムマシン」だから、宇宙の歴史を探るには実に好都合と言えるだろう。星や銀河ではなく、その背景、しかもいちばんの遠景を望遠鏡で見れば、そこは一三八億年前の宇宙である。それが、ＣＭＢにほかならない。ビッグバンは一三八億年前に終わっているが、僕たちは今それを見ることができるのだ。

理論と見事に一致したコービー（COBE）衛星の観測結果

ペンジアスとウィルソンの発見以降、この「宇宙最古の光」はさまざまな形で詳細に観測されている。ノーベル賞の授賞まで一〇年以上かかっていることからもわかるとおり、ただちにそれが「ビッグバンの名残」だと認められたわけではない。全天から降り注ぐマイクロ波をビッグバン以外の現象で説明する理論もあった。

それが否定されたのは、ＣＭＢの「等方性」が非常に高かったことが大きい。等方性とは、「どの方向を見ても同じ性質」のこと。全天にわたってＣＭＢの周波数や強度などがほぼ同じであることを示す観測結果が積み重なったことで、「これはビッグバン以外にあり得ないだろう」と考えられるようになり、ペンジアスとウィルソンにノーベル賞が与えられたのである。

しかしその後も、検証作業は続いた。ノーベル賞を受賞した観測実験もある。一九八九年から一九九三年まで実施された、アメリカのコービー衛星によるＣＭＢ観測だ。

電子レンジに利用されることからもわかるように、マイクロ波は水に吸収されやすい。だが、宇宙空間は地上と違って水蒸気がないので、より精密な観測ができる。また、全天をくまなく観測できるのも衛星実験の大きな強みだ。

そのコービーが観測したＣＭＢの波数と強度の分布をグラフ（図２）で見ていただこう。横軸が波数、縦軸が強度。実線で描かれたのは理論的な予測値で、これは黒体放射の分布に関する公式が当てはめられている。ビッグバン理論ではＣＭＢは黒体放射であると予言されていた。

「黒体」とは、あらゆる波長の電磁波を完全に吸収もしくは放射できる物体のこと。その理想的な放射を、量子力学を前提にした理論で説明したのが、「量子力学の父」とも呼ばれるドイツのマックス・プランクだ。そのため、この実線のような分布のことを「プランク分布」と呼ぶ。

図２の実線は「熱い火の玉の状態から宇宙が徐々に冷えていったとしたら、こうなるは

図2 コービー衛星によるCMBの観測

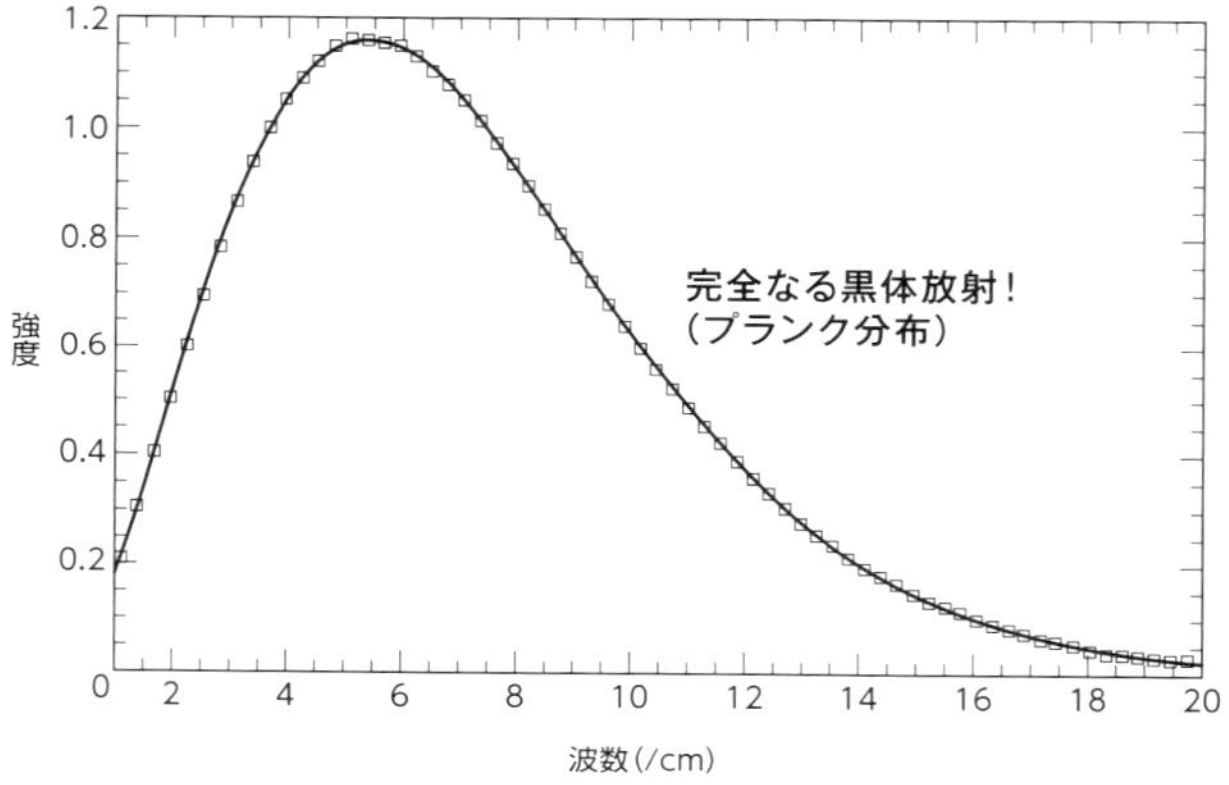

**地上の実験室で培った法則が、
恐ろしいほどよく合う**

ず」という理論的な予想だと思ってもらえばいい。そして、そのプランク分布の実線の上に乗っている□が、コービーのＣＭＢ観測データだ。理論値と見事に一致しているのは、一目瞭然《りょうぜん》。これはもう、誰も文句のつけようがないだろう。ビッグバン理論以外に、この一致を説明できる仮説は存在しない。

　これ以外にも、コービーの観測はＣＭＢについて重要な発見をしたのだが、それについてはまた別の章で話すことにしよう。それらの業績によって、コービー実験を主導したアメリカのジョージ・スムートとジョン・マザーには、二〇〇六年にノーベル物理学賞が与えられたのである。

「宇宙の晴れ上がり」で光は真っ直《す》ぐ進めるようになった

ちなみに、ビッグバンという熱い火の玉が冷えていく過程では、ある重要なものが生まれている。物質の材料になる「原子」だ。

前章で話したとおり、原子は物質の基本単位（素粒子）ではない。クォークが集まって陽子や中性子を作り、その陽子や中性子が集まった原子核が電子と一緒になると、ようやく原子になる。これが作られなければ、星も銀河も僕たちも生まれない。

しかしビッグバンが起きたときの宇宙は超高温だったので、あらゆる粒子がバラバラに飛び回り、くっつくことができなかった。すでに陽子はできていたが、それが電子をつかまえることができない。そもそも「温度が高い」とは、そこにある粒子の運動エネルギーが高いということだ。夏は空気中の分子が活発に動き回るから暑く、冬は分子がおとなしくなるから寒い。

その運動エネルギーは、宇宙が膨張して温度が冷えるにつれて低下する。動きが鈍くなれば、プラスの電荷を持つ陽子とマイナスの電荷を持つ電子が合体可能だ。こうして、原子が大量に生まれたのである。

実は、そのために真っ直ぐ進めるようになったものがある。陽子や電子がバラバラに飛び回っている「熱い宇宙」では、光が直進できなかった。光には、プラスやマイナスの電荷を帯びた粒子にぶつかって散乱する性質があるからだ。しかし陽子と電子がくっついて宇宙が中性化すると、光は誰にも邪魔されずに真っ直ぐ進めるようになる。

宇宙の温度が下がり、光が直進できるようになったのは、ビッグバンからおよそ三八万年後だ。これを「宇宙の晴れ上がり」と言う。まさに厚い雲が消えて陽光が差し込むように、電子や陽子の「雲」に覆われていた宇宙が晴れ上がったのである。

ここで自由になった光が、今の地球に届いているCMBにほかならない。つまりCMBは、宇宙誕生から三八万年後に生まれた光ということになる。それ以前も光は存在したものの、厚い雲に覆われているので、決して見ることができない。だからCMBは、われわれが見ることのできる「宇宙最古の光」なのだ。

ところで、この「宇宙の晴れ上がり」より前に生まれた原子核の量も、物理学の理論によって予想されていた。また、先ほどのコービーとは別の実験によって、現実にビッグバンで生じた原子核の量も観測されている。その理論値と観測値が一致したことも、ビッグバン理論を強く支持する証拠のひとつだ。

そこまで証拠が揃うと、ビッグバンはもはや「仮説」とは呼べない。ビッグバンはたしかに起こり、宇宙は膨張している。数学のような証明ではないけれど、物理学は誰が見ても疑う余地のない証拠を積み重ねることで、それを「法則」と呼べるレベルまで引き上げたのだ。

地上の物理法則を一三八億年前の宇宙に適用できるか？

ただ、ここでひとつ大事な話をしておく必要がある。ビッグバンは、一三八億年も前に起きた現象だ。それをわれわれは、現在の地上で検証された物理法則によって説明している。黒体放射のプランク分布も、原子核の量に関する理論も、地上の実験室で検証されたものだ。それを一三八億年前の宇宙に適用できるのだろうか？

直感的には「当然できる」と思うかもしれない。だが、そこに何か論理的な根拠があるかと問われたら、困るはずだ。たとえば「二二世紀には自然界の物理法則が一変する」という仮説が提示されたとしても、それを論理的に否定することはできない。これまで積み重ねてきた法則から帰納的に考えれば「変わらないはずだ」と予想はできるけれど、絶対にないとは断言できないだろう。

しかし僕たち物理学者は、「基本的な法則はいつでもどこでも適用できる」という考え方を原理として置いている。

そこには、数学的な裏づけがある。ドイツの数学者エミー・ネーターが一九一五年に証明した「ネーターの定理」だ。

それによると、何らかの対称性があるとき、そこには何らかの保存則が存在する。かなり抽象的な話なので簡単にいうと、たとえば回転対称性（どちらを向いても物理法則が同じ）からは角運動量（回転運動を表す基本量）の保存則が導かれ、並進対称性（どこまで行っても物理法則は同じ）からは運動エネルギーの保存則が導かれる。

そして、時間の対称性（いつでも物理法則は同じ）から導かれるのがエネルギー保存の法則だ。時間の原点をどこに取っても物理法則が同じなら、エネルギーは保存されることが、ネーターの定理によって数学的に証明されている。

エネルギーの保存則は、物理学にとってきわめて重要な法則だ。その保存則を前提にするなら、時間の原点をどこに取っても、物理法則は変わらない。だから、一三八億年前の宇宙も現在の地上も法則は同じだと考える。地上の実験室で検証された物理法則は、ビッグバンにもそのまま適用できるわけだ。

第三章　「空っぽ」の空間

「空っぽ」の空間が膨張する不思議

僕の研究対象であるＣＭＢ（宇宙背景放射）がどういうものかは、前章の説明でだいたいわかってもらえたと思う。ハッブルの観測による「宇宙膨張」という驚天動地の発見があり、それによってビッグバンという大昔の出来事が予想され、それを裏づける証拠として見つかったのが「宇宙最古の光」であるＣＭＢだ。

でも、この説明が、あなたには本当に腑《ふ》に落ちただろうか？

ここまでの話は、どんな宇宙論の入門書にも出てくるものだ。それが、物理学者や天文学者など宇宙を研究する専門家の共通理解なのだから、大筋では同じような説明になるのが当然だろう。もちろん、そこに間違いがあるわけではない。

ただ、中にはちょっと引っかかりを感じた人もいるのではないかと思う。

実を言うと、僕もそのひとりだった。「物理学者のくせに何を言っているのか」と心配されてしまうかもしれないけれど、僕はもともと素粒子物理学の専門家だ。四〇歳ぐらいまでは、もっぱら量子力学と特殊相対性理論が支配するミクロの世界を研究していた。

一般相対性理論の支配するマクロの世界については、もちろん学生時代には勉強したけれど、そんなに深く理解したわけではない。本格的に勉強をはじめたのは、エコノミークラス症候群で入院したのをきっかけに、「次はCMB観測だ！」と思い至ってからのことだ。その時点では、宇宙論のプロから見れば半人前の素人のようなレベルだった。一般の人々にとっては同じ「物理学者」でも、専門領域が違えば、それぐらいの差はある。

あらためて宇宙論の勉強に取り組んだ僕にとって、その分野は不思議に満ちていた。「それはいったいどういうことだ？」と素朴な疑問を感じたことも、ひとつやふたつではない。

とくに不思議に感じたのは、何もないはずの「空間」が膨張するということだ。あなたは、それを知ったとき、すぐに納得できただろうか？

理屈の上では、宇宙が膨張していることは理解できる。ハッブルの観測どおり、銀河が距離に比例する速度でお互いに遠ざかっているとすれば、宇宙空間が膨張しているとしか考えられない。それは間違いのないところだ。

でも「空間」なるものは、読んで字のごとく「空っぽ」のはずである。何も物質の存在しない空っぽの状態で、いったい全体、何が「膨張」するというのだろう。

考えてみると、これはよくわからない。

たとえば僕は、前章で「碁盤のような線を描いたゴムシート」で宇宙膨張を説明した。だが、比喩はあくまでも比喩でしかない。そこで宇宙空間に見立てたゴムシートは、実体のある「物質」である。それが伸び縮みするのは当然だ。

ゴムは引っ張れば伸びるので、「なるほど」と納得してくれた人が多いと思う。

でも、宇宙空間はゴム製品ではない。というか、何製品でもない「真空」だ。

宇宙が膨張していると聞くと、風船が膨らんでいく様子を思い浮かべる人もいると思う。

しかし、あれは「真空」が膨張しているわけではない。風船の中にはぎっしりと「空気」

が詰まっている。風船が膨らむのは、外からさらに空気を吹き込むからだ。目には見えないものの、空気も窒素や酸素など膨大な分子が集まってできている「物質」にほかならない。風船は、それが増えることで膨張しているだけだ。

それに対して、宇宙空間には空気のように全体を満たす物質は存在しない。膨張しているのは、あくまでも「空っぽ」の空間だ。風船が膨らむのとは、まったく違う。

「自然界でいちばん大きなもの」は外から観察できない

一方、宇宙膨張と聞いて、「箱」が大きくなるイメージを持つ人もいるだろう。中身の物質量を無視しても、箱のサイズは大きくできる。宇宙も、四方八方の「壁」が遠ざかっていけば、膨張したことになるだろう。

でも、宇宙空間に箱のような「壁」があるとは思えない。少なくとも僕たち物理学者は、それが「ある」という前提では考えていない。

この点に関しては、モヤモヤしたものを感じる人が多いとは思う。宇宙研究者にとって、「宇宙に果てはあるのですか？」「あるとしたら、その外側には何があるのですか？」は典型的なFAQ（よくある質問）だ。

結論から言うと、この問いに対しては「本当のところはわかりません」と言うしかない。それが、専門家としてもっとも誠実な答え方だと思う。

また、さらに正直に言うなら、「それを考えても意味がない」ということになる。なぜなら、僕たちが研究しているのは「自然界でいちばん大きなもの」だからだ。

子供でもわかる単純な言葉だが、この「いちばん大きなもの」という表現には深い意味がある。ちょっと考えてみてほしい。もし宇宙に「果て」があり、その「外側」にも何かあるとしたら、この自然界には宇宙よりも「大きなもの」があることになるだろう。すると、僕たちは「いちばん大きなもの」を研究していることにならない。だから、「考えても意味がない」のだ。

何かごまかしているように思われるかもしれないが、これは宇宙論を考える上でかなり大事なポイントだ。ここでは、ひとつ発想の転換をしてほしい。

それは、「いちばん大きなものは外側から観察できない」ということだ。

もし外側から観察できたら、それは「いちばん大きなもの」ではない。つまり、宇宙空間という「いちばん大きなもの」は、「内側」からしか見ることができないのだ。いずれにしても、「箱」のイメージで宇宙膨張を理解するのはあまりよろしくない。

やや話は逸《そ》れるけれど、講演会などで宇宙膨張の話をしていると、「ビッグバンはどこで起きたのですか?」と聞かれることもよくある。

この質問が出ること自体、われわれが宇宙を「外側」から見たがることの表れだろう。「あるときビッグバンが起きて、そこから宇宙が膨張をはじめた」と聞いた瞬間、真っ暗闇の中のある場所で「ドッカーン」と大爆発が起きた光景を思い浮かべてしまう。その時点で、「宇宙の外側」がイメージの中にあるわけだ。

しかし宇宙は、ビッグバンのときから「自然界でいちばん大きなもの」だった。したがって、ビッグバンを外から眺めて「あそこで起きた」と指させる観測者は絶対に存在しない。

そこから宇宙自体が膨張したのだから、「ビッグバンはどこで起きた?」と問われれば、「宇宙全体で起きた」と答えるべきだろう。「東京で起きた」と言っても、「シカゴで起きた」と言っても、「アンドロメダ銀河で起きた」と言っても、決して間違いではない。今あなたがいるその場所でも、ビッグバンは起きた、と言えるのである。

真空は「空っぽ」だが物理的に「無」ではない

ともあれ、空っぽで中身が何もなく、箱のような「壁」や「外側」もない空間が膨張するという現象は、なかなかうまく理解することができない。空っぽの「無」に膨張という物理現象が起きるのは、やはり不思議だ。そんなことが起きるなら、空っぽの財布の中で急にお金が増えてもいいような気がするではないか。

しかし、お金は放っておいても増えないけれど、宇宙空間はたしかに膨張している。観測結果がそれを証明している以上、その現実は受け入れなければいけない。

ならば、こう考えるしかないだろう。

物質のいっさい存在しない空間＝真空は、物質がないという意味では「空っぽ」だが、決して「無」ではなく、何らかの物理的な実体なのである。

これは、実に革命的な概念だと僕は思う。

銀河の遠ざかり方を根拠に、サラリと「だから宇宙は膨張している」とだけ説明したのでは、この考え方の凄味《すごみ》が伝わらない。宇宙が伸び縮みすると主張する一般相対性理論は、「空間には実体がある」という恐ろしく大胆な考え方を前提に成り立っているのだ。宇宙が膨張していること自体もコペルニクス的転回だが、空間に実体があることも、それと並ぶ驚きである。

空間が物理的実体ならば、その性質を表す「物理量」が必要となる。平たく言えば、空間の「伸び具合」を表す物理量だ。一般相対性理論とは、実は空間の伸び具合についての方程式なのである。ここではその数式のエッセンスを伝えるために空間の膨張を、比喩を使ってイメージしてみよう。ただし前章で比喩に使ったゴムシートは、目に見える物体という点でやや難がある。

そこで僕がよくイメージするのは、透明な「蜘蛛《くも》の巣」だ。

もちろん、それも物体だから実際の空間とはまったく違うけれど、はっきり見えないので、顔の高さにあっても気づかずに近づいてしまい、「うわっ!」と慌てて手で払いのけることがある。「実体がないようで実はある」という点では、ちょっと真空っぽい。また、その「空間」のあちこちに蜘蛛や獲物や木の葉などがくっついているのも、宇宙に似ている。網の目状に張り巡らされた透明な糸が空間、そこに引っかかっている物体が銀河だと思えばいいだろう。

さて、ここで蜘蛛の巣を、グーンと外側に引っ張ったとしよう。蜘蛛の巣に引っかかった虫たちは、そこに留《とど》まったまま動くことができない。透明な糸は見えないとすれば、お互いが何もない空間に浮いているように見えるだろう。ところが、その蜘蛛の巣全体が大きくなっていくので、遠くに引っかかっている虫ほど速く自分から遠ざかっていくように見える。

ここで大事なのは、その蜘蛛の巣全体を誰も外からは観察していないということだ。その様子をイメージするときは、あなた自身も蜘蛛の巣のどこかに引っかかっている虫のつもりにならないといけない。

その上で、ほかの虫から自分がどう見えるかを想像する。あなたは自分が動いていないと思っているが、それはほかの虫たちも同じこと。みんな、「自分は止まっていて、ほかの虫たちが遠ざかっていく」と認識するわけだ。宇宙膨張とは、そういうことである。

したがって、空間は膨張するが、そこに引っかかっている物体自体は膨張しない。「宇宙全体が膨張している」と聞くと、その宇宙にいる自分の体もどんどん膨らんでいるのではないかと心配する人もいるけれど、物体の大きさは別の力で決まっている。

物質をまとめる上で主に作用しているのは、素粒子の標準模型の説明で紹介した「強い力」と「電磁気力」のふたつだ。その力で素粒子や原子や分子がガッチリとくっつけられているので、空間が膨張してもその距離が離れることはない。

それに対して、銀河と銀河とのあいだに働くのは重力だ。しかし重力は、ほかの「三つの力」に比べると非常に弱い。電磁気力の強さを1とすると、重力の強さは10^{-36}。だから、地球一個分の重力で鉄のクギを引っ張っても、上に小さな磁石をかざせば、クギはそちらに吸い寄せられる。

しかも、重力の強さは距離の二乗に反比例するから、はるか遠方にある銀河に対してはほぼゼロに等しい。蜘蛛の巣に引っかかった虫と虫とのあいだに働く重力を無視できるのと同じことだ。だから、宇宙空間が膨張すれば、銀河と銀河はお互いに引っ張り合うことなく、遠ざかっていくのである。

「波」は媒質がなければ伝わらない

ところで、「空っぽのはずの空間も物理的な実体である」と聞いて、かつて提案された有名な仮説を思い浮かべた人もいるのではないだろうか。

この分野の話に少し興味のある人なら、「エーテル」という言葉を見聞きしたことがあると思う。古代ギリシャでは、それが宇宙を満たしていると考えられた。空間を物理的な実体と見なす考え方は、大昔からあったわけだ。

一七世紀以降は、このエーテルが光を伝える媒質だと考えられるようになった。光が「波」だとすると、空っぽの宇宙空間を伝わるとは思えないからだ。

波（波動）は、何らかの媒質の振動が伝わる現象である。たとえば海に生じる波は、水という媒質の振動が伝わっていく。地震の波は大地が媒質、音波は空気が媒質だ。振動する媒質がなければ、波は伝わらない。宇宙を舞台にしたアクション映画では、攻撃を受けた宇宙船が轟音《ごうおん》を立てて爆発したりするけれど、あれはまさにフィクション。宇宙空間には空気がないのだから、本当は無音だ。

しかし、そうだとすると、爆発する宇宙船の姿が見える理由がよくわからない。可視光も電磁波という「波」なのだから、媒質がなければ伝わらないはずだ。ところが、宇宙空間は空っぽなのに、光が伝わる。光が伝わっているから、太陽や月や星の姿が地球から見えるわけだ。それが、昔から大きな謎だった。

そこで、空間をギッシリと満たす目に見えない物質＝「エーテル」が存在し、それを媒質として伝わるのが光（電磁波）だという考え方が出てきたのである。

これは、実にまっとうな発想に基づく仮説といえるだろう。波があれば、そこには媒質がある。それが物理学の常識だったのだ。

少し話は逸れるが、ここで簡単に、電磁波について説明しておこう。それはいったい、どういう「波」なのだろうか。水面の波は目に見えるし、地震波は体感できる。音波も耳で聴くことができるが、電磁波は可視光を除いて実感しにくい存在だ。

しかし、その原理は単純である。可視光であれ、ラジオやテレビの電波であれ、マイクロ波であれ、電磁波が出る理由はたったひとつしかない。「電荷を帯びた粒子が速度を変えた（加速度がかかった）とき」に出るのが電磁波だ。

「加速度」と言うとスピードが増すことだけを指すような印象があるが、物理学では「速度が変化する＝加速度がかかる」ということなので、そこには減速も含まれる。いずれにしろ、加速度がかかると運動エネルギーが変わるので、粒子が何かを吐き出さないとエネルギー保存則が保てない。そこで、電子のような電荷を持つ粒子が吐き出すものが電磁波だと思ってもらえばいいだろう。

可視光だけが「見える電磁波」ではない

物質は原子や陽子からできているから、たとえば僕たちの体にも多くの荷電粒子が含まれている。「体温」があるのは、その粒子が運動しているからだ（気温と同様、粒子の運動が激しいほど体温は高い）。そのため僕たちの体も、常に電磁波を出している。

とはいえ、「なるほど、だから人の体が見えるのか」と早合点してはいけない。体が見えるのは、外から来た可視光が反射しているからだ。だから、反射光の生じない暗闇の中で体は見えない。人体から出るのは、可視光とは波長の違う電磁波だ。

どんな種類の電磁波が出るかは、温度によって決まる。温度が高いほど波長の短い電磁波になるから、僕たちの体温がもっと高ければ、自らピカピカと発光するだろう。しかし実際に体から出ているのは、赤外線と呼ばれる波長領域の電磁波だ。可視光の中でいちばん波長が長い色は「赤」で、それよりも波長が長いから「赤外」線という。当然ながら、肉眼では見ることができない。

ただし特別なセンサーがあれば話は別だ。その波長の電磁波をキャッチできるように作られた赤外線センサーを使えば、暗闇でもそれを見ることができる。

また、「可視光」は人間に見えるからそう名づけられただけの話であって、ほかの生き物の目にもそれしか見えないわけではない。たとえばマムシなどの毒ヘビには、「ピット器官」という赤外線センサーが備わっているという。だから暗闇でも獲物の存在を察知して捕らえることができるのだろう。

また、ミツバチの目は、可視光に加えて紫外線まで感知することができるそうだ。紫外線は、赤外線とは反対に、可視光領域でもっとも波長の短い「紫」より波長が短いから、その名がついた。そこまで見えると、自然界はまったく違う風景になる。たとえばタンポポを紫外線まで映るカメラで撮影すると、蜜《みつ》のある部分とない部分がまったく違う色に見えるから面白い。ミツバチの目は、それが見えるように進化したわけだ。

こうした例を挙げると、「電磁波」という言葉から受けるイメージがかなり変わるのではないだろうか。一般的には可視光と区別され、携帯電話などから出る特別なものと思われがちだが、どの波長の電磁波もそれに合うセンサーさえあれば「見る」ことができる。だから、すべての電磁波は「光」なのだ。

その意味で、僕たち人間が肉眼で見ているのは、自然界のほんの一部でしかない。赤外線や紫外線など、可視光から少し波長がズレただけでも、そこにはまったく違う世界がある。電磁波には、それ以外にも電波やX線など幅広い波長があるのだから、この宇宙の根源にある「ルールブック」を解明しようと思うなら、あらゆる波長の電磁波で観察すべきだろう。可視光で見える範囲だけで宇宙を理解するのは、競技場に引かれているラインが見えない状態でサッカーのルールを知ろうとするようなものかもしれない。

だから人類はこれまで、さまざまな望遠鏡を開発してきた。可視光をとらえる光学望遠鏡だけで宇宙を「見た」つもりになってはいけない。現在は電波望遠鏡にもいろいろな波長のものがあるし、X線やガンマ線で宇宙を見る観測装置もある。それらの観測結果を総合して初めて、本当の意味で宇宙を「見た」ことになるわけだ。

空間に「実体」があるから電磁波も伝わる

話を戻そう。光は電磁波であり、波であるなら媒質がなければ伝わらない。そこでエーテルという物質の存在が想定されたわけだ。

しかしエーテルの存在を確認した人はいない。少なくとも、通常の「物質」としてのエーテルは存在しないことが実験によって確かめられている。もしエーテルが宇宙空間を満たす物質であるならば、その中を移動している地球では「エーテルの風」のようなものが観測されるはずだが、精密な実験を行っても、それは検出されないのだ。

では、どうして光は宇宙空間を波として伝わるのか。

これはもう、空間そのものが一種の媒質として波立っているからとしか言いようがない。物質は存在しなくても、物理的な実体として空間が膨張するならば、その空間が波を伝えても不思議ではないだろう。逆に、空間が電磁波を伝えることができるならば、それが膨張することもあっていい。堂々巡りの話だが、現に空間が膨張し、光を伝えている以上、そう考えるしかないのである。

これは、二〇世紀の物理学がもたらした驚異的な自然観だ。そのきっかけを作ったのは、アインシュタインだった。当初は宇宙膨張を否定していたアインシュタインだが、彼の一般相対性理論は重力によって「空間が曲がる」ことを明らかにしたものだ。

空間が曲がることは認めた（というか自分でそう言い出した）のに、宇宙の膨張はなかなか認めようとしなかったのは、ちょっと不思議な気もする。だって、空っぽの空間が「曲がる」なんて、空間が「膨張する」という話よりも理解しにくいことだろう。実体の見えないものに、真っ直ぐな状態も曲がった状態もあり得ないと常識的には考えるだろう。

しかし前述したとおり、その理論は太陽に近い星の光が曲がることで実証された。空間は曲がり、電磁波もそれに沿うように曲がって進む。空間には実体があり、だからこそ「波立つ」のだ。

この「電磁波が伝わる」こと自体が、空間の基本性質のようなものだと言ってもいいだろう。そうなると、とりあえずエーテルの存在を考える必要はない。そういう点でも、アインシュタインの相対性理論は物理学に大きなインパクトを与えた。エーテルがなくても、空間は実体として具体的な性質を持っているのだ。

もちろん、「物質ではないが実体のあるエーテル」のような新たな概念を、いつか誰かが思いつく可能性はゼロではないだろう。でも、物理学を前に進めていく上で、それを待つ必要はない。何の実体もない「無」の空間という考え方を、すでに物理学は捨て去った――少なくとも僕は、そう考えて納得することにしている。

いささか無責任な言い方に聞こえてしまったかもしれないけれど、物理学者もまだ自然界のことを完全に理解しているわけではない。だから一生懸命に研究を続けている。僕だけでなく、空間が物理的な実体であることについては、どの物理学者も多少なりとも不思議な感覚を持っているだろう。数式の上では理解できても、実感としてきちんと把握できる人はあまりいないのではないだろうか。

しかし、アインシュタインの一般相対性理論や、電磁波がちゃんと伝わっていることや、宇宙が膨張していることなどを見ると、自然界からは「空間には実体があるのだ！」という叫び声が聞こえる。実に不思議なことだが、ある意味で、こんなに面白いものもない。何もない空間を「実在として認めろ」というのだから、禅問答みたいな話だ。

でも、そういうキテレツなものとうまく付き合うことで、僕らは自然界の奥底に迫ることができる。この仕事は、そのあたりがたまらなく面白い。知的好奇心とは、そういうものだろう。「よくわからないからツマラナイ」と投げ出してしまうのは、もったいない。よくわからないからこそ、それを理解するための探究は人間を興奮させるのだと思う。

波長を伸ばしながら永遠に残る「宇宙最古の光」

ともあれ、空間が物理的な実体であることさえ認めてしまえば、いろいろなことが納得できる。実体なら、エネルギーがあれば膨張もするだろうし、曲がったり「波」を伝えたりすることも可能だ。

ビッグバンで放たれた「宇宙最古の光」が、現在は波長の長いマイクロ波になっていることも、空間が実体だと思えば納得できる。光という波が、空間に張りついている様子をイメージすればいい。風船を膨らませたら、描かれている絵もビヨーンと伸びていくだろう。それと同じように、電磁波の波長は空間が膨張するにつれて長く伸びるわけだ。

したがって、より波長の長い電磁波ほど、遠くから届いていることになる。そして宇宙では、遠くから届く電磁波ほど古い。つまり、より波長の長い電磁波は、より「昔」の宇宙を見せてくれるのだ。たとえば宇宙からは赤外線も降ってくるが、これは可視光よりも少しだけ古い宇宙を見せてくれる。

そういう光の中でもいちばん古く、波長が長く伸びたのが、CMBにほかならない。それが放たれたのは、宇宙誕生からおよそ三八万年後の宇宙の晴れ上がりのときだ。電子と陽子がくっついて宇宙が晴れ上がったとき、宇宙の温度は絶対温度（ケルビン。摂氏マイナス二七三・一五度）で三〇〇〇度程度だったことがわかっている。三〇〇〇度の環境で光の波長がどのような分布になるのかは、物理学の法則で計算が可能だ。

その波長がどれぐらい伸びるかは、宇宙膨張の大きさで決まる。宇宙の晴れ上がりから一三八億年のあいだに、宇宙は一〇〇〇倍程度まで膨らんだことがわかっている。したがって、光の波長も一〇〇〇倍まで引き伸ばされる（周波数は一〇〇〇分の一になる）。そこまで引き伸ばされると、三〇〇〇度の環境で生じた短い波長の光が、波長の長いマイクロ波になるわけだ。そのマイクロ波の分布を示したのが、前に掲げた宇宙背景放射のグラフ（図2）における黒体放射の理論的予測値にほかならない。

宇宙は膨張し続けているから、何億年も経てば、宇宙背景放射の波長はさらに伸びるだろう。いずれはマイクロ波より波長の長い短波、中波、長波……として観測される時代が来るから、そのときは「CMB」とは呼ばれないと思う（Mはマイクロ波のMだ）。

しかし、波長や呼称がどのように変わろうとも、この「宇宙最古の光」が見えなくなることはない。実体のある空間に張りついている以上、この光は、波長を伸ばしながら永遠に存在し続けるのである。

第四章　インフレーション仮説

物理学は「宇宙のルールブック」を「ハガキ四枚」まで追い詰めた

この一〇〇年のあいだに、物理学は宇宙の成り立ちに関する理解を大いに深めてきた。宇宙観がここまで大きく変わることなど、二〇世紀の初頭には誰ひとりとして予想していなかっただろう。

ここまでの話を簡単に整理しておくと、ビッグバンについては、まずハッブルによる「遠方銀河の赤方偏移の発見」があった。それによって宇宙が膨張していることが判明し、ビッグバン理論が登場する。その仮説は、ＣＭＢ（宇宙背景放射）の発見や、ビッグバンによる元素合成の観測によって裏づけられた。

それを基礎から支える法則には、大事なものがふたつある。

ひとつは、アインシュタインの一般相対性理論だ。それ以前の物理学では、空間は物理現象の起こる「舞台」のようなものであって、それ自体は研究対象ではなかった。それがアインシュタインによって、物理的な実体になったのは、きわめて大きな変化だ。

アインシュタインは「宇宙項」を導入して「静的な宇宙」を維持しようとしたが、ハッブルの発見以前にも、一般相対性理論の方程式から「宇宙は膨張する」と主張した研究者はいた。その方程式が、膨張宇宙を理論的に支えていることは間違いない。

もうひとつの基礎法則は、素粒子物理学から生まれたミクロの世界の法則だ。これもビッグバンを「事実」として裏づける上で大きな役割を果たしている。たとえばビッグバン後に合成された元素の量は、素粒子の法則によって予測値が導かれた。それが観測値と一致したから、ビッグバンの証拠となったのだ。

また、物理学には、宇宙について考える上で前提となる重要な原理がひとつある。その名もズバリ、「宇宙原理」という。何やら大袈裟《おおげさ》な雰囲気だが、これはそんなに難しい話ではない。「宇宙に特別な場所はない」という原理だ。もう少し専門的な言葉遣いをすると、宇宙は「一様」かつ「等方」である——となる。

宇宙では、どこまで行っても、どちらを向いても、だいたい同じような状態になっていて、特筆するような場所はない。いわば、砂漠のようなものだ。もちろん、星や銀河のある場所と何もない場所はあるが、それも全体的に見ればだいたい均一に散らばっている。「原理」だから、それが正しいのかどうかはあまり追求しない。「宇宙はそういうものであるはずだ」という前提で、物理学者は考える。

とはいえ、それに反する事実や現象が見つかれば、そんな原理は捨てなければいけない。でも、今のところ大丈夫だ。ハッブルの観測結果も、ＣＭＢの観測結果も、元素合成の観測も、すべて宇宙原理とのあいだに矛盾はない。

ビッグバン宇宙論を支える物理の基礎法則は、ざっとハガキ四枚ぐらいに書くことができる。素粒子物理で扱う三種類の力、それと一般相対性理論が扱う重力、合わせて四種類の力だから四枚という勘定だ。ハガキ一枚で書ける究極の「宇宙のルールブック」にはまだ遠いが、人類はここまでかなり頑張ってきたと言えるだろう。一〇〇年前は、周期表に並んだ約一〇〇種類の元素が自然界の根源だと考えられていた。そんな段階から、ハガキ四枚レベルまで到達したのは、僕にとっては感動的なことだ。

宇宙の「地平線」とは何か

だが、これで宇宙の成り立ちが解明されたわけではない。それどころか、ビッグバンの法則は、ある深刻な問題を抱えていた。ビッグバンではじまった宇宙が膨張したとすると、うまく説明のつかない問題が生じるのだ。

そのひとつが、「地平線問題」である。

「宇宙に地平線なんてあるのか?」と首を傾《かし》げる人もいるだろう。それも無理はない。われわれが知っている地平線は、地球が丸い天体だから存在する。どこまでも広がる宇宙空間に、それと同じ地平線があるとは思えない。

しかし、実は宇宙にも、ある意味で「地平線のようなもの」がある。それはいったいどんなもので、そこにどのような問題があるのだろうか。

「地平線」の説明の前に、まずは「問題」のほうを説明しよう。

先ほど、宇宙は一様、等方であり、特別な場所はないという話をした。僕たちはその

「宇宙原理」を大前提にして考えている。その原理は、今のところ否定されていない。

しかし、宇宙が「どこも同じ」であることが不思議に思えることもある。ほかならぬ、CMBの強度や温度がそれだ。

「背景放射」という名のとおり、CMBは宇宙全体から降ってくる。あなたの前からも後ろからも、上からも下からも、あらゆる方向から一三八億年前のマイクロ波が届いているわけだ。その強度や温度は、どの方向から来るものもほぼ同じである。

宇宙が「どこも同じ」なら、それも当然と思うかもしれない。でも、これはひどく奇妙なことだ。

考えてみてほしい。あなたの正面方向に見えるCMBは、一三八億年かけて、やっと届いた光だ。あなたの背中に届くCMBも、正反対の方角から一三八億年かけて届いている。

何を言いたいのかよくわからないかもしれないが、ここで大事なのは、それぞれのCMBを放った場所が、お互いを「見ていない」ということだ。それぞれの場所に人間のような観測者がいたとしても、やっと中間地点の地球に光を届けた段階なのだ。

光速は、宇宙の最高速度である。だから、光が届かないところには物質も情報も何も伝わらない。これを専門的には「因果関係がない」と言う。そういう場所が、宇宙にはあるわけだ。

もう、おわかりだろう。光さえ届かず、因果関係のない場所こそが、「地平線」の向こう側だ。地球上でも、地平線の向こう側は見ることができない。宇宙にも、ここから先は見られないという「地平線」が存在するのである。

何の因果関係もないのだから、地平線の向こう側とこちら側では、マイクロ波の強度や温度がそれぞれの事情で勝手に決まるはずだ。キッチンで料理している鍋の中身や温度が、ほかの家のキッチンの影響を受けないのと同じようなことだと思えばいいだろう。

何らかの手段で連絡を取って示し合わせないかぎり、鍋の内容が同じになることはない。仮にどちらも同じ味噌汁《みそしる》だったとしても、具や味噌の濃度などは違うだろう。それと同様、地平線の向こうから来るのが同じマイクロ波であっても、その強度や温度には違いがあるのが自然だ。

ところがCMBは、まったく因果関係がない場所でも、ほぼ同じものになっている。「たまたま隣の家と同じ料理を作っていた」ぐらいなら偶然で片づけられるかもしれないが、宇宙のあらゆる方向から同じマイクロ波が出ているとなると、そうはいかない。高層マンションに入居している何百世帯もの家庭で、同じ時刻に同じ中身の鍋を同じ温度で煮ているようなものだ。こんなに気持ちの悪い話はない。皆で示し合わせないかぎり、こんなことはまず起きない。ＣＭＢの強度や温度が「どこも同じ」であることは、それぐらい奇妙な現象なのだ。

空間の膨張速度は光速を超えられる

その奇妙さがピンと来ない人もいると思う。ビッグバンがあった以上、昔の宇宙は「小さかった」からだ。

たしかに、今は宇宙が膨張した結果、向こう側と反対側は遠く離れており、お互いが「地平線」の向こうにある。しかしビッグバンの直後は宇宙全体が小さかったのだから、すべての地点がもっと近くにあり、光が届いた（つまり因果関係があった）のではないか——そんな気がするのも、わからなくはない。

だが、ここで知っておいてもらいたい重要なポイントがある。それは、「宇宙の膨張速度は光速を超えられる」ということだ。

アインシュタインの相対性理論は、光速を宇宙の「制限速度」とした。これは間違っていない。ただし、そのルールが適用されるのは、空間内を移動するものだけだ。どんなにテクノロジーが発達しても光速を超えるロケットを作ることはできないが、空間の膨張速度は話が別。こちらには「制限速度」がない。

ここで再び、宇宙空間を蜘蛛の巣のようなものだと考えてみよう。

ある位置に、獲物が引っかかっている。蜘蛛はそれを食べるために、急いで近寄っていくだろう。ところが、蜘蛛の巣全体が蜘蛛のスピードを超える速度で広がっていたら、どうなるか。獲物はどんどん遠ざかってゆき、蜘蛛はそれに追いつくことができない。蜘蛛はどんなに頑張っても光速より速く移動することができないので、膨張速度が光速を超えていたのでは、獲物はいつまでたっても「地平線」の向こうだ。

それと同じように、まだ宇宙が小さかった時代にも、光の届かない「地平線」は存在した。では、ビッグバンの三八万年後、宇宙が晴れ上がって光が直進をはじめた時代の地平線はどれぐらい広がっていたのか。

実は、それを現在の天球に当てはめると、その大きさは角度にしてわずか二度ぐらいの範囲にしかならない。だから、たった三度でもズレれば、そこは「地平線」の向こうだ。さっきは角度にして一八〇度違う「反対側」を例に挙げたが、そんなに離れていなくても、因果関係はない。いわば、「同じ鍋」なのは二度の範囲だけ。それ以外はみんな「別の鍋」なのに、中身が同じなのである。

もちろん、偶然そのようなことが起こる可能性はゼロではないだろう。サイコロで一〇〇回続けて同じ目が出る可能性も、ゼロではない。だが、それはきわめて不自然だ。根源的な「ルールブック」があるはずだと考える物理学者は、そういう不自然な偶然を受け入れられない。「たまたま宇宙はこうなりました」では、そこにはルールもへったくれもないからだ。それで片づけられるなら、自然界を支配する法則を探す必要もない。

一〇〇回続けて同じ目が出るサイコロを前にしたら、ふつうは、何かそうなる「仕掛け」があるはずだと考えるだろう。奇跡的な偶然としてではなく、必然として理解したくなるのが人情だ。「地平線問題」も同じこと。なぜCMBが宇宙全体で同じ温度になるのか、その理由を明らかにしなければ、究極の法則には到達できない。

一瞬にしてアメーバが銀河サイズになるメチャクチャな急膨張

では、何百世帯ものキッチンで鍋の中身が同じになるような現象に、どんな必然性が考えられるだろうか。いちばん簡単な解決策はこれだ。

「みんな、あらかじめ示し合わせていた」——身も蓋《ふた》もない話のようだが、そう考えざるを得ないのだ。

現在の宇宙は、高層マンションで言えば、防音設備が完璧なため、ほかの部屋からは音も振動も何も伝わらないような状態だ。しかも電話やネットはまったく使えず、外に出ることもできないので、外部とはいっさい連絡が取れないとしたら、高層マンションというより刑務所のような雰囲気になってしまうが、そこで同じ時間に同じ中身の鍋料理を作るのは（奇跡的な偶然でも起きないかぎり）不可能だ。そこまで空想しなくとも、最近の都会のマンションなら、隣人の名前すら知らないことも珍しくないだろう。何にしても、「同じ鍋」などできはしない。

しかし、ずっとその状態だったとはかぎらない。以前は連絡や外出が可能だったとすれば、示し合わせることはできるだろう。マンションの住民たちが一週間前に会合を開き、料理のレシピを共有して、「来週の土曜日の夜七時にこれを作りましょう」と決めたのなら、そこには謎も不思議もない。起こるべきことが、予定どおりに起きただけだ。

宇宙の「地平線問題」に対して提案された解決策も、そういうものだった。ビッグバンが起きる前に、宇宙全体がものすごく小さな領域にあったとすれば、すべての場所が因果関係を持つことができる。光の届かない「地平線」は存在しないので、情報をやりとりして同じ温度になれるわけだ。

なんだ簡単な話じゃないか——と思うのは、まだ早い。それを前提に考えると、ビッグバン前の宇宙では、とてつもないことが起きたことになる。それが「インフレーション」と呼ばれる現象だ。

第二章で述べたとおり、このインフレーションは物価上昇とは何の関係もない。初期宇宙に経済活動などないのだから当たり前だが、これは宇宙空間の急激な加速膨張のことだ。「指数関数的膨張」と言って、空間がネズミ算式に倍々ゲームで大きくなる。

それだけでは、何が「とてつもない」のかピンと来ないかもしれない。この理論のすごいところは、ほんの一瞬としか言いようのないごく短い時間に、アメーバが銀河ひとつ分になるぐらいの勢いで宇宙が膨張したと考えるところだ（もちろん、その時点でも宇宙は現在の銀河よりはるかに小さかったので、これはあくまでも比率の話）。その時間と膨張の度合いを数字で表現すると、こんなふうになる。

およそ0.000000000000000000000000000000000001秒のあいだに、
空間が100000000000000000000000000倍に膨らむ

ゼロを数える気にもならないだろう。「いったい何をおっしゃってるんですか？」と茫《ぼう》然《ぜん》としてしまうほど、べらぼうな現象だ。インフレにも程がある。

ひどいインフレと言えば、かつてジンバブエの通貨が一年に二〇〇万％ものハイパーインフレーションを起こしたことを思い出す人もいるだろう。でも、そんな数字は、宇宙のインフレーションから見れば誤差の範囲内にすぎない。かつてフレッド・ホイルは、ジョージ・ガモフの理論を「ドッカーン仮説」と揶揄したが、こちらの仮説は、揶揄したくても言葉が見つからないほどだ。

これだけ短時間で起きたことだから、先ほどのマンションの例は、悠長すぎて比喩として不適切だったかもしれない。なにしろ、一兆分の一秒の一兆分の一のさらに一兆分の一ぐらいの時間だ。みんなで示し合わせて「じゃあ、来週よろしくお願いしますね〜」などと言っている暇はないだろう。

むしろこれは、最初はひとつの鍋で煮たスープを、一瞬のうちに数え切れないほどたくさんの鍋にパパッと分配したような話だ。後から見ると、すべての鍋の中身が同じ温度になるはずがないように思えるけれど、実はどれも同じ鍋で作ったものだった――ごく簡単に言ってしまえば、それが「インフレーション理論」による地平線問題への解答だ。

実に乱暴な話である。そんなメチャクチャな膨張が起こるなんて、ふつうの発想では浮かんでこない話だ。

インフレーション理論のさまざまな「ご利益」

ちなみに、このような急膨張を起こす宇宙のことを、専門用語で「ド・ジッター宇宙」

と呼ぶ。ウィレム・ド・ジッターというオランダの天文学者がアインシュタインの一般相対性理論の方程式の解として導き出したものだ。

これが起きたと考えると、大変都合がいい。小さな領域の中で因果関係のあった場所が、一気にバン！　と「地平線」の向こうへ行ってしまうからだ。しかしその前に連絡を取っていたので、ビッグバン後も同じ温度を保つことができる。

それだけではない。インフレーション理論は地平線問題以外にも、いくつかの問題を同時に解決してくれる。

たとえば「平坦《へいたん》性問題」もそのひとつだ。

相対性理論によれば空間は曲がるものなので、そこには「曲率」がある。要は「曲がり具合」のことで、その値は正にも負にもなり得るのだが、ゼロ（平坦で曲がっていない）から大きく離れると都合が悪い。曲率が正だと、宇宙はすぐに収縮して潰《つぶ》れてしまう。負の場合は限りなく広がってしまい、星や銀河などの構造は形成されない。

ところが現実の宇宙は、ほぼ平坦なまま一三八億年も膨張を続けている。そうなるには、宇宙がはじまった時点で、空間の曲率がきわめてゼロに近くなければいけない。

これは、実に難しい微調整だ。「正か、負か、ゼロか」という三択なら、三回に一回はゼロになるのだから簡単だと思うかもしれない。でも、正や負の値は無限にあるのに対して、ゼロはひとつだけだ。野球のピッチャーが、ボール球を投げるよりストライクを取るほうが難しいことを考えれば、わかるだろう。そのストライクゾーンが、針の穴ほどのサイズしかないのだと思えばいい。地平線問題と同様、曲率がゼロになるのは、奇跡的な偶然によるものとしか思えないのだ。

しかしインフレーションが起きたとすると、これは奇跡でも何でもなくなる。宇宙がはじまったときの曲率がどんな値であれ、短時間の急膨張によって、曲がった空間がピーンと真っ直ぐにならされてしまうのだ。キャッチャーが捕れないような暴投でも、インフレーションが起きればたちまちストライクゾーンに入るのである。

さらにもうひとつ、インフレーションがもたらす「ご利益」を挙げておこう。実は、これがあると「宇宙原理」がいらなくなる。それをもっと深い原理から説明せず、「とりあえず宇宙は一様等方だとしようじゃないか」と考えるのが宇宙原理だが、もしインフレーションが起きたとすれば、宇宙が「どこでも同じ」になるのは必然だ。どんな曲率ではじまっても平坦になってしまうのと同じで、宇宙が最初は一様でも等方でもない空間だったとしても、インフレーションのべらぼうな勢いで引き伸ばされれば、全体が均一になってしまう。そうやって、一様等方になる理由が明確に説明できるのであれば、もうそれを「原理」として置く必要はない。

アナーキーでロックな仮説は実証されるのか

このように、インフレーションはそれ一発で、ビッグバン宇宙が抱えるさまざまな問題をまとめて解決してくれる。いろいろなことがうまく行きすぎて怖いくらいだ。

この理論は、一九八〇年代のはじめに、日本の佐藤勝彦さんと米国のアラン・グースなどによってそれぞれ独立に提唱された。荒唐無稽なアイデアのように見えるし、僕自身、最初にその理論を知ったときは「ホンマカイナ」と思ったものだが、単なる突飛な思いつきではない。むしろ、それは「王道」を行くような考え方だったと言えるだろう。

「王道」とは、確かだと思っている基本物理法則をできるかぎり守って観測や実験の結果を説明することだ。ここでは、一般相対性理論と宇宙原理を守ることを意味する。すると、宇宙の成り立ちを説明する仮説を構築するために物理学者がいじることができるのは、膨張のスピードと加速度しかない。しかも宇宙原理を前提にしているから、「ここだけこうやって捻《ねじ》れば……」などと部分的にこねくり回すのは不可だ。「宇宙全体がどんなふうに膨張すれば辻褄《つじつま》が合うか」を考える以外に道はないだろう。

その「王道」を突き進んだ結果、物理学は「一瞬にしてネズミ算式に膨張する宇宙」というアイデアにたどり着いた。ほかに辻褄を合わせる方法が見つからないのだから、「追い込まれた」と言ってもいいかもしれない。「これしかない」という王道を歩んでいると、最終的にはクレイジーな結論に追い込まれていく。そこが、物理学の醍醐味だ。

前に述べたとおり、地動説だって、当初は「そんなバカなことがあるか」と言いたくなるクレイジーな仮説だったに違いない。相対論や量子論もそうだ。どれも、奇をてらったアイデアではない。ど真ん中のストライクを目指して研究を進めた結果、ふと気がつくとキテレツな理論になっていた。それが後にきちんと検証されて、「仮説」から「法則」へとステップアップしたわけだ。

したがってインフレーション仮説も、そうなる資格は十分にある。僕はその大胆さにアナーキーでロックなノリを感じたりもするけれど、だからといって、物理学がそれを排除するようなことはない。なにしろ「王道」を進んだ結果なのだし、これが間違っていたら地平線問題も平坦性問題も振り出しに戻ってしまう。ビッグバンの法則を完成させるためには、この仮説が否定されてほしくない。それが多くの理論物理学者の本音だろう。

とはいえ、これはまだあくまでも仮説にすぎない。宇宙論を語る研究者の中には、すでにビッグバンの前にインフレーションが起きたことを前提に話を先に進めている人もいる（無論それはそれで意味のないことではない）が、僕たち実験物理学者は実証されるまで理論を疑い続けるのが仕事のようなものだ。実験家の習性として、このキテレツな理論をひっくり返すような発見を期待する気持ちもどこかにある。

いずれにしろ、この仮説が「イエス」か「ノー」かを検証することが、現在の宇宙論における最重要課題であることは間違いない。「イエス」なら、ハッブルの発見にはじまるビッグバン宇宙論は確固たるものとなり、僕たちは「宇宙のルールブック」に近づくことができるだろう。「ノー」の場合はビッグバン宇宙論を根底から見直さざるを得ないことになり、理論家たちは大変なことになるが、それも実にエキサイティングだ。何としても、白黒をはっきりさせなければいけない。

観測技術の発達でインフレーションの検証が可能な時代がやってきた

三〇年以上前に発表されたとき、インフレーション仮説は「検証は不可能ではないか」とも見られていた。たしかに、一三八億年も昔に、極小の宇宙が一瞬のうちに膨大なサイズにネズミ算式に膨張したことなど、どうやって検証すればよいのかわからない。

しかもインフレーション理論は、やや言葉は悪いけれど、「後知恵」的な側面の強い仮説だった。「結果論」と言ってもいいかもしれない。野球の解説者が、先発ピッチャーが打ち込まれた後で「変化球のキレが悪かったから打たれて当然」などとコメントするようなもの。先に結果が出ているのだから、そのコメントが正しいかどうかは検証の対象にさえならない。インフレーション理論も、CMBの温度がどこも同じであるという結果を見た上で、「それはこういう現象が起きたからだ」と説明しているのだから、辻褄が合うのは当然だろう。

野球解説者の見識が本当に試されるのは、試合展開に関する「予想」が的中するかどうかだ。結果論ではなく、試合がはじまる前に「こういう理由で先発ピッチャーに不安がある」とコメントし、そのとおりの展開になれば、「さすが見る目がある」と評価される。物理学の理論もそれと同じで、その仮説が正しいと認められるためには、理論から生まれる「予言」が実証されることがいちばん重要だ。

したがって、インフレーション理論が正しいかどうかを見極めるには、「こういう膨張があったとすれば、今の宇宙にこういう証拠があるはずだ」という予言があれば、それを見つければよい。たとえばビッグバン理論も、予言どおりにＣＭＢという証拠が発見されたから、正しいと認められたのである。

ところがインフレーション理論の場合、「結果論」としては大いに説得力があるものの、すぐに検証できそうな理論的予言があまりなかった。予言そのものはいくつかあるが、実験する側にそれを探せるほどの技術がなかったのだ。そのため当初は検証の可能性について悲観的な見方が強かった。「永遠の仮説」になると考えていた専門家も少なくないのではないだろうか。

しかしその後、観測技術は思った以上に進歩した。いよいよ、インフレーション理論という破格の仮説を検証の対象にできる時代がやってきたのだ。

僕らがチリのアタカマ高地で行っている実験も、最大の目的はインフレーション理論の検証にほかならない。ポーラーベアでＣＭＢを観測しているのは、インフレーションの証拠がそこにあるはずだという理論的予言があるからだ。

だが、その予言については、次の第五章で述べることにしよう。ＣＭＢには、それとは別に、インフレーション仮説を支持する特徴がある。それを発見したのが、アメリカの観測衛星コービーだ。

第二章で紹介したとおり、コービーはＣＭＢの周波数と強度の分布を調べ、宇宙が熱い火の玉の状態から徐々に冷えたことを明らかにした。昔の宇宙でたしかにビッグバンが起きたことを裏づけたのだ。でも、コービーの業績はそれだけではない。ビッグバン理論だけでなく、インフレーション理論と矛盾しない事実をも見つけたのである。

ＣＭＢのわずか一〇万分の一のムラを発見したコービー衛星

それが何なのかを知るために、まずはふたつの「地図」を見比べてもらおう。どちらも、

ＣＭＢの温度を表現したものだ。地球全体を平面で表現するモルワイデ図法と同様、この楕円形が宇宙の全天を表している。ただし、モルワイデ図法の世界地図が地球を外から見ているのに対して、こちらは宇宙を内側から眺めたものだ。

図３は、一九六四年にペンジアスとウィルソンがＣＭＢを発見した当時の知識をマイクロ波宇宙地図として表したものである。全面的に同じ色なので地図のようには見えないが、ＣＭＢがどの場所も同じ温度なら、そうなるのは当然だ。ちなみにその温度は、およそ三ケルビン。そのためＣＭＢのことを「３Ｋ放射」とも言う。因果関係がないはずの領域がすべて同じ三ケルビンだからこそ、先述の「地平線問題」が浮上した。

しかし厳密に言うと、ＣＭＢは全面的に同じ温度ではない。それを示したのが、もうひとつのマイクロ波宇宙地図（図４）だ。ご覧のとおり、五〇年前の地図と違ってムラ（濃淡）がある。これこそ、コービーが一九九〇年代初めに観測したＣＭＢだ。

温度が違うのでは「地平線問題」の前提が崩れてしまうと思うかもしれないが、これが意味しているのはそういうことではない。たしかにこれを見るかぎり宇宙は一様ではないが、ここで生じている温度差は、ほんのわずかなものだ。そのデコボコは、三〇マイクロ

図3 CMB発見当時のマイクロ波宇宙地図

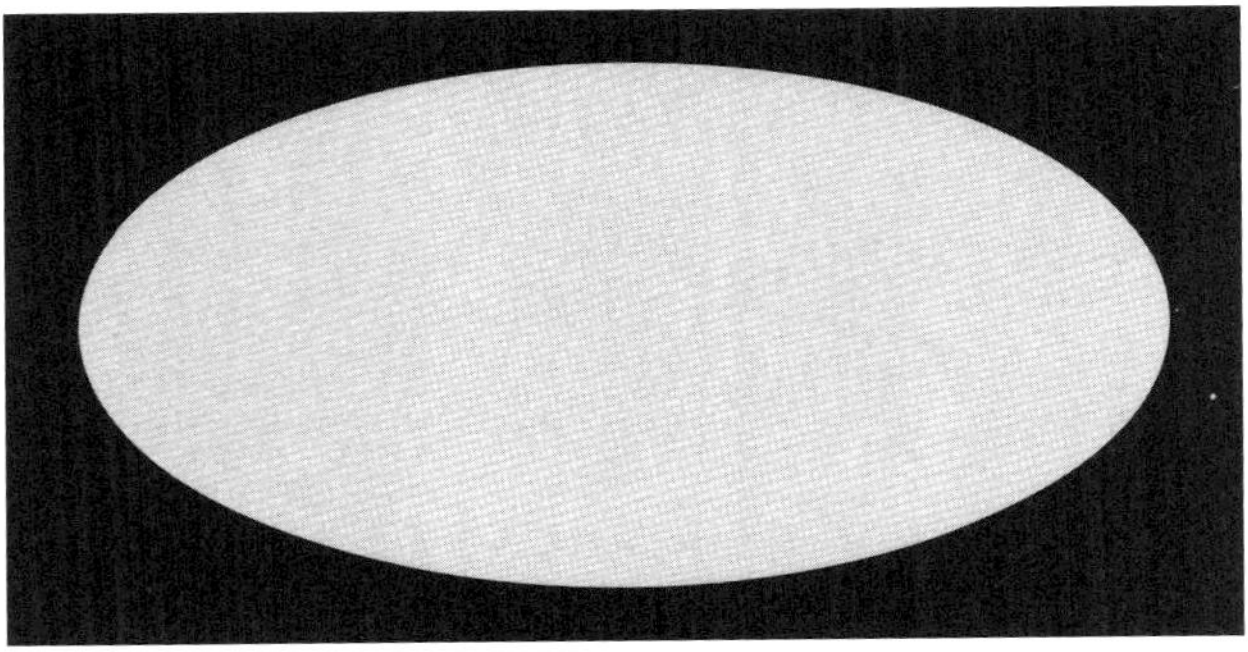

どの場所も同じ温度(3ケルビン)なので、全面的に同じ色になる

図4 コービー衛星が観測したマイクロ波宇宙地図

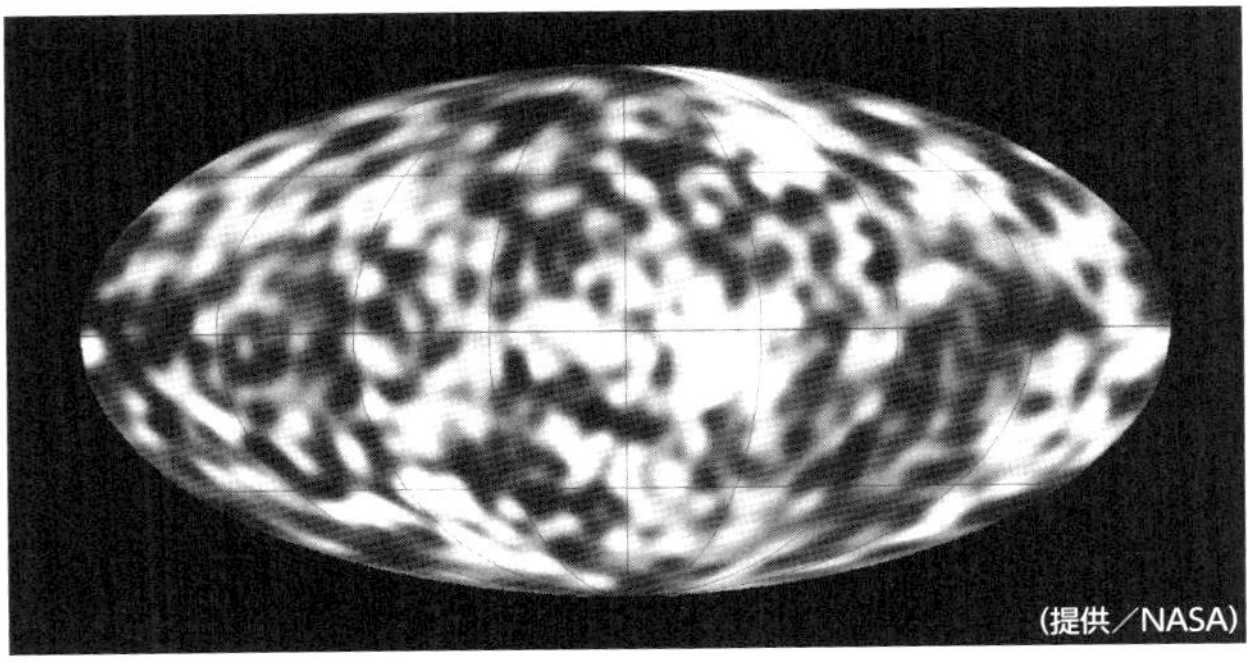

30マイクロケルビンのわずかな温度差を強調したもの

ケルビン程度。全体がおよそ三ケルビンだから、一〇万分の一にすぎない。

たとえば、一見するとツルツルのCDの表面には、実はデジタル情報を刻んだデコボコがある。一枚のCDでも、ふつうの感覚では存在しないに等しいものだろう。しかしそれでも、厚さの差は一〇万分の一よりはるかに大きい。CDを一〇枚ほど積み重ねた厚みに対して、いちばん上のCDに刻まれたデコボコが、ちょうど一〇万分の一程度だ。

したがって、三〇マイクロケルビンのムラがあっても、CMBは「どの方向も同じ温度（およそ三ケルビン）」と考えてかまわない。それに、コービーの地図を見ればわかるように、一〇万分の一のムラもおおむね宇宙全体に同じように分布している。その意味で、「地平線問題」はやはり存在し、それは解決されなければいけない。

ともあれ、こんなに小さなムラの存在が確認できるほど観測精度が向上したのは、実に驚くべきことだ。しかも、このムラは宇宙の成り立ちに深く関わっている。インフレーション理論は、「量子ゆらぎ」によってCMBにこのようなムラが生じることを予言していた。「量子ゆらぎ」が何なのかは後ほど別の章で説明するが、とにかくコービーの観測結果はその理論と矛盾しない。

さらに重要なのは、この「量子ゆらぎ」による宇宙初期のムラが、やがて銀河に成長したと考えられていることだ。宇宙空間はおおむね一様だが、厳密に見れば、星や銀河などの構造物があるところと、何もないところがある。物質の分布に「ムラ」があるわけだ。インフレーション理論は、その物質分布のムラがCMBのムラに由来すると主張している。もしCMBの温度が完全に均一で、ムラがいっさいなかったとしたら、宇宙には星も銀河も生まれない。当然、地球も人類も生まれていなかった。つまり僕たちの起源は「量子ゆらぎ」にあるわけだ。これは、まったく新しい宇宙観と言えるだろう。

波を分解する「スペクトル解析」とは

その意味で、コービーの発見はきわめて重大なものだった。一三八億年前に芽生えた自分たちの「タネ」を見たのだから、感動的でさえある。コービー実験のリーダーとしてノーベル物理学賞を受賞したジョージ・スムートは、この一〇万分の一のムラを発見したときに「神の顔を見たような気持ちになった」と語った。いささか芝居がかってはいるけれど、そんな台詞を口にする資格は十分にあるだろう。

コービー衛星は一九九三年に役目を終えたが、その後も衛星によるCMB観測は別のプロジェクトによって続いている。二〇〇一年から二〇一〇年までは、アメリカの宇宙探査機「WMAP（Wilkinson Microwave Anisotropy Probe＝ウィルキンソン・マイクロ波異方性探査機）」が、コービー衛星の後継機として観測を行った。現在は、欧州宇宙機関（ESA）が二〇〇九年に打ち上げた人工衛星「プランク（Planck）」が、より詳細なCMB観測を終えて、データの解析を継続中だ。

やや専門的な話になるが、ここで少し、CMB観測で使われている「スペクトル解析」について触れておこう。文系の人には馴染みのないものだろうが、スペクトル解析そのものは、宇宙研究だけに関係のある特別な手法ではない。工学的に広く使われている。「そこに波や模様があれば、問答無用でとにかくスペクトル解析をする」というのが、理科系人間の習性のようなものだ。

では、何をどう解析するのか。要は、ある波があったら、それを構成する基本的な波に分解するのだと思えばいいだろう（もう少し専門的に言えば、「フーリエ解析」という技術を使ってサイン波とコサイン波の重ね合わせに分解するのだが、本書は計算方法の解説ではないのでそれを知らなくても問題ない）。

たとえば楽器の奏でる音も空気中を伝わる波なので、スペクトル解析ができる。トランペットにしろ、ヴァイオリンにしろ、「ド」や「ソ」といったある高さの音はそれぞれの周波数が決まっているので、ひとつの波だと思う人もいるだろう。でも、そうではない。たしかにその周波数の波をいちばん多く含んでいるのだが、それ以外にもさまざまな波が混ざっている。

ひとつの周波数だけの純粋な波では、コンピュータで合成した電子音のようになってしまい、その楽器らしい「音色」にならない。混ざっている波が、その楽器の特色になっている。したがって、音の波をスペクトル解析すると、どんな成分によって「トランペットらしい音」や「ヴァイオリンらしい音」が作られているかがわかるのだ。犯罪捜査などで行われる声紋鑑定も、それをやっている。つまりスペクトル解析は、ある波の背後にある個性を可視化・客観化する方法なのだ。

音だけでなく、いろいろな画像の特徴をつかむ目的でも、スペクトル解析が使われている。レントゲン写真だろうが、ふつうにカメラで撮った人の笑顔だろうが、すべてはさまざまな波数を持つ基本となる波の重ね合わせに分解することができてしまうのだ。

理論値と見事に一致したプランク衛星の観測結果

コービー、WMAP、プランクなどによるCMB観測も、全天から届くマイクロ波の画像（研究者はマップ、地図と呼んでいる）をスペクトル解析することで、その個性を可視化・客観化している。

次に掲げる図5は、プランク衛星が二〇一四年に発表したCMBのパワースペクトル（波数ごとの信号の強度をグラフにしたもの）だ。

実線は、インフレーション理論に基づく理論的な予想値。プランクによる観測結果は、見事にその上に乗っている。ここまできれいに理論値と観測値が一致するのは、僕たち専門家にとっても実に驚異的なことだ。

この観測結果によって、多くのことがわかった。よく知られているのは、それまで「約一三七億年」とされていた宇宙年齢が、「約一三八億年」に修正されたことだろう。ただし、以前のWMAPによる値が間違っていたわけではない。科学的な測定結果は常に中央

図5 プランク衛星の観測したパワースペクトル

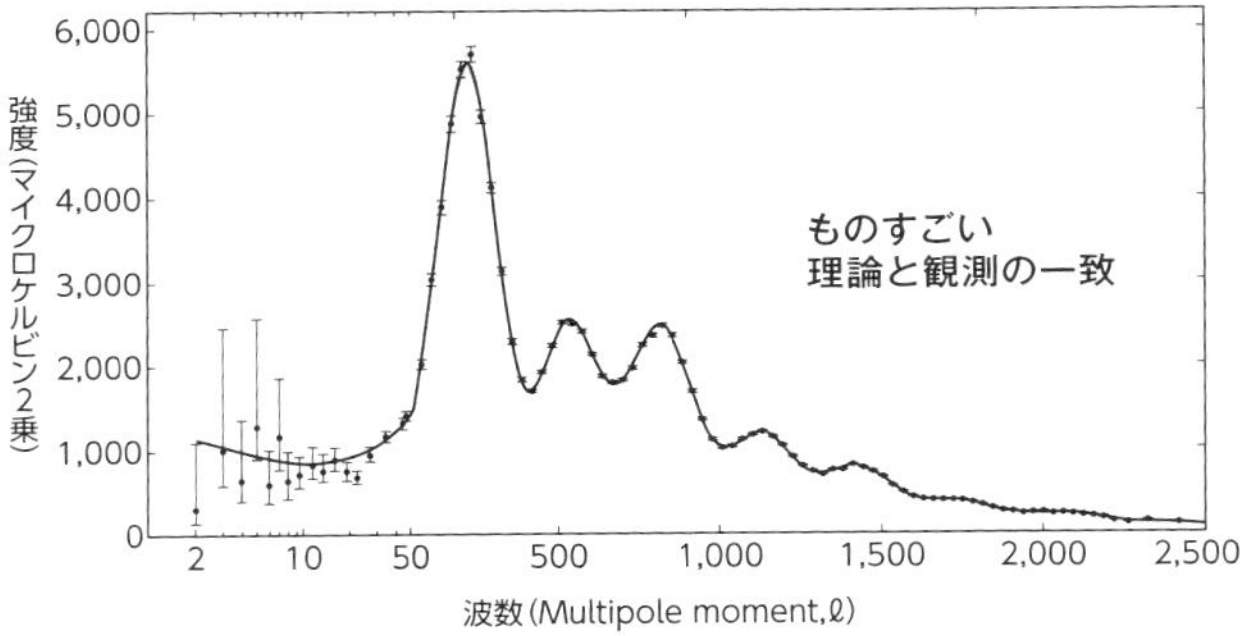

値と誤差がセットで示される。一三七億年を中央値としつつ、誤差の範囲を考慮すると一三八億年の可能性もあったのが以前の結果だったのだ。観測精度が上がったことで、より正確な数字が出たのだ。

ちなみに宇宙年齢は、グラフのピークの位置から割り出すことができる。その方法のエッセンスを説明するために、楽器の出す音の高さと、楽器の大きさの関係を考えてみよう。

たとえば誰でも小・中学校で吹くリコーダーは、管の長さで最低音が決まる。アルトリコーダーはソプラノリコーダーより長いから、より低い音が出るわけだ。逆に言うと、その楽器が出す最低音の周波数がわかれば、笛の「長さ」がわかる。それと同じように、ピークの周波数がわかれば、宇宙が誕生から経てきた時間の「長さ」がわかるのである。

また、このパワースペクトルからは、宇宙全体に占める暗黒物質や暗黒エネルギーの割合もわかる。

素粒子の標準模型で記述できない正体不明の暗黒物質が、通常の物質のおよそ五倍も宇宙に存在することは、第二章で紹介した。一方、もうひとつの大きな謎である暗黒エネルギーは、宇宙を加速膨張させていると考えられる不思議な存在だ。こちらも、正体はまったくわかっていない。

しかしどちらも、その量だけはCMB観測によって調べることができる。コービーやWMAPの観測でも、その数値は発表されていた。プランク衛星の観測ではそれがより精密になり、エネルギーに換算すると、通常の物質は宇宙の五％、暗黒物質は二七％、暗黒エネルギーは六八％となっている。素粒子の標準模型で説明できるのは宇宙のたった五％で、残りの九五％はまだ「何だかわからない」のである。

このように、CMB観測は宇宙の成り立ちを次々と明らかにしてきた。「量子ゆらぎ」を発見したことで、インフレーションが起きた可能性も高まっている。

だがインフレーションに関しては、まだ「動かぬ証拠」を見つけたとは言えない。たしかに理論的な予測と矛盾しないゆらぎが見つかったものの、それはインフレーションを肯定するための必要条件であって、十分条件ではないのだ。それが見つかっただけで「インフレーションがあった」とは断定できない。

それでは、一三八億年前にインフレーションが起きたことを示す「動かぬ証拠」はあるのか。それがあるとして、現在の観測技術でそれを発見することはできるのか。

どちらも答えは「イエス」だと信じているから、僕たちポーラーベアグループはチリでCMBを観測している。ここまでずいぶん長い道のりだったが、次章ではいよいよ、僕らが探し求めているインフレーションの動かぬ証拠＝「原始重力波によるBモード偏光」について話すことにしよう。

第五章　原始重力波とBモード偏光

「勇み足」だったBICEP2の発表

二〇一四年三月に、衝撃的なニュースが世界中を駆け巡ったことを覚えているだろうか。いや、専門家を除く多くの方々は何のことだかわからず、ポカンとしていたかもしれない。しかし宇宙論に関わる専門家にとって、それは天地をゆるがすほどの大事件だった。

「原始重力波を初めて検出」

「インフレーションの決定的証拠を発見」――。

この一報に触れて、多くの物理学者が興奮したのである。中には、熱を出して体調を崩してしまった人もいるらしい。

僕自身も、これには強い衝撃を受けた。ただし僕の場合、多くの物理学者が受けた衝撃とは意味が大きく違う。

その成果を発表したのは、南極でＣＭＢ（宇宙背景放射）を観測している「ＢＩＣＥＰ２（バイセップツーと発音する）」。ハーバード大学やカリフォルニア工科大学などを中心とした実験グループで、観測地こそ離れているものの、僕たちポーラーベアグループのライバルだ。二〇一〇年に観測をはじめている。

つまり、僕はこの案件の当事者にほかならない。ポーラーベアもあの時点でそれなりの成果を挙げてはいたが、「原始重力波の検出」という最大の目的には到達していなかった。ちょうど五〇年前、ペンジアスとウィルソンのＣＭＢ発見を聞いたときにロバート・ディッケが漏らした“well, boys, we've been scooped.”という台詞が脳裏をよぎらなかったと言えば、嘘《うそ》になる。

しかしこの「発見」は、半年ほど経ってから、ほぼ間違いであることがわかった。別の現象を「インフレーションの決定的証拠」と見誤った可能性がきわめて高いのだ。

だが、その経緯については後ほど詳しく説明しよう。ここではまず、「原始重力波とは何か」という話をしなければいけない。さらに、それが検出されると、なぜインフレーションの証拠になるのかも説明が必要だ。ＢＩＣＥＰ２の「発見」が報じられた際に、テレビや新聞などのマスメディアでもその説明が盛んになされたが、その意味がよくわからなかった人も多いだろう。

それに、ＢＩＣＥＰ２もポーラーベアも、観測しているのはＣＭＢだ。本書をここまで読んできた人は、ＣＭＢがビッグバンの証拠であることはもうわかっている。また、インフレーションが「ビッグバン以前」に起きた現象であることも説明した。

ならば、こんな疑問も生じるだろう。「起きた時期が違うのに、なぜビッグバンの証拠であるＣＭＢにインフレーションの証拠があると考えられているのか？」――インフレーションとビッグバンは同じ宇宙で起きた一連の出来事だとはいえ、ちょっと不思議に感じられるのではないだろうか。

そういうモヤモヤをきちんと晴らしてもらうには、また少しばかりページを費やさないといけない。時間や字数にかぎりのあるテレビや新聞のような大まかな説明では、この研究の意義や面白さが十分に伝わらないのだ。

アインシュタインが存在を予言した「重力波」とは何か

さて、原始重力波である。原始は「宇宙のはじまりの頃」の意味だから、これはまさにインフレーションが起きたときに生まれた重力波のことだ。したがって、それが見つかれば本当にインフレーションが起きたと言える。……それがいちばん簡単な説明だが、これでは何も理解したことにならない。

では、そもそも重力波とは何なのか。

これは、アインシュタインが一般相対性理論で存在を予言した波である。どんな波なのかは、第三章で説明した電磁波のことを思い出してもらうと理解しやすいだろう。電磁波は、荷電粒子が加速運動をすると発生するものだった。それに対して、質量のある物体が加速運動をすると生じるのが重力波だ。

アインシュタインは、質量のある物体が空間を歪めるのが重力の正体だと考えた。その物体が動くと、空間が伸び縮みをするので、それが波として伝わるのだ。

イメージしにくいかもしれないが、ある意味で、これは地震波に似ている。何か震源があると、簡単には動きそうもない硬い大地がゆれ、それは波になって遠くまで届く。空間も、「震源」があればゆれ動き、波を伝えるのだ。

質量さえあれば何でも（たとえばあなたの体でも）重力波の震源になれるが、この波はきわめて微弱なので、よほど質量の大きな物体でなければ、観測可能な重力波を出すことはできない。たとえば「連星」がそうだ。

連星とは、太陽のような星がふたつ並んで、お互いの重力によって相手のまわりをぐるぐる回転している天体のこと。巨大な天体が猛スピードで回転運動をしているので、それに見合った強い重力波を出すと考えられている。

実際、重力波の存在を初めて間接的に裏づけたのは、連星の観測実験だ。アインシュタインの予言どおりに重力波が出ているとすると、それが連星の運動エネルギーを持ち去るので、回転の勢いが奪われる。その場合、連星の公転周期が短くなるはずだ。

アメリカの物理学者、ジョセフ・テイラーとラッセル・ハルスが自ら発見した連星を調べたところ、その公転周期はたしかに短くなっており、その観測値はアインシュタインの理論に基づく予測値と見事に一致した。これによって重力波の存在が間接的に証明され、テイラーとハルスは一九九三年にノーベル物理学賞を受賞している。

ただし、重力波の直接検出にはまだ誰も成功していない。これも、宇宙研究に課せられた大きなテーマのひとつだ。もちろん、そのための実験も世界中で行われている。欧米からはやや遅れたものの、日本でも、神岡鉱山の地下に「ＫＡＧＲＡ」という重力波望遠鏡が設置された。いずれ近いうちに、どこかの実験グループから「重力波の直接検出に成功！」という一報がもたらされるかもしれない。

原始重力波はインフレーションが「震源」

重力波の震源は、連星のほかにも、ブラックホールや超新星爆発など、いろいろある。いずれにしろ、ＫＡＧＲＡのような実験が検出を目指しているのは、そういう大きな天体現象から生じる重力波だ。

しかし、僕たちが見ようとしている原始重力波はまったく違う。こちらは、インフレーションを震源とする重力波だ。当たり前だが、ビッグバン以前には天体などひとつもなかった。存在したのは、空間だけ。その空間が急膨張したときに重力波が出たはずだというのが、インフレーション理論の予言だ。

ここで「なるほど、そういうものか」と納得してもらっても、そんなに問題はないだろう。たとえば風船を急激に膨らませると、きれいに一様な広がり方はせず、表面がブルブルと震動する。それをイメージすれば、空間の急膨張によって何らかの波が生じるのも何となくわからなくはない。急膨張で波が生じるなら、それを検出すればインフレーションの証拠になることも理解できる。

でも、より理解を深めてもらうには、ここで納得してほしくない。実際、今の説明に疑問を抱いた人もいるだろう。

というのも、先ほど僕は、重力波が「質量のある物体が加速運動をすると生じる」と説明した。さらに、インフレーションが起きたときに存在したのは「空間だけ」だとも述べている。オイオイちょっと待て、質量のある物体がないのに、どうして重力波が生じるんだ？　そんなの話がおかしいじゃないか——実にまっとうな疑問である。

結論から言うと、インフレーションによって生じると予想される波は、連星やブラックホールや超新星爆発などから生じる重力波と同じではない。

それなのに、どうして「原始重力波」と呼ばれるのか。もちろん、理由がある。その波が存在したとすると、一三八億年後の現在の宇宙では重力波として観測されるのだ。奇妙な話に聞こえると思うけれど、正確に言うと、そういうことになる。

では、インフレーションによって生じる波は何なのか。

実は、ここでまた登場するのが、地平線問題の話で出てきた「量子ゆらぎ」だ。量子論の話を本気でやると別の本になってしまうので、この「ゆらぎ」についてだけ手短に説明してみよう。

不確定性原理が生む「量子ゆらぎ」

古典的な物理学では、必要なパラメータ〈測定値〉さえわかれば、ある粒子〈物質〉の位置と速度を完全に記述できると考える。位置は〈空間が三次元なので〉XYZの三つの座標がわかれば決められるし、速度もXYZの三方向に分解できるから、記述するのに必要なパラメータは計六つだ。六つのパラメータの時間変化を知っていれば、その粒子の運動も完全に予測できる。原理的には、それによって自然界のすべての物質の動きが予測できるわけだ（現実にはとてつもない数のパラメータになるので技術的には無理だが）。

この古典的な物理学を覆したのが、量子論の大きな柱のひとつである「不確定性原理」だった。一九二〇年代後半にドイツのハイゼンベルクが提唱した原理だ。

それによると、ミクロの世界では、粒子の位置と速度を同時に正確に決めることができない。速度を正確に決めるほど位置の不確定性（曖昧《あいまい》さ）が大きくなり、位置を正確に決めるほど速度の不確定性が大きくなってしまう。位置と速度は、「あっちを立てればこっちが立たず」という関係にあるのだ。

したがって、六つのパラメータをすべて決めることは原理的にできない。曖昧なほうの位置や速度は、確率的な分布で記述できるだけだ。つまり、その数値に幅が生じてしまう。すべての物理量を完璧な精度で決めることは不可能である。

たとえば、ある粒子の位置を正確に決めた場合、その速度には確率的なバラつきが生じる。その曖昧さが、量子ゆらぎにほかならない。マクロの世界では無視できるので、古典物理の考え方も近似的には正しいのだが、自然界をミクロの世界まで追い詰めていくと、あらゆる物質に量子ゆらぎがある。これはもう、仮説でも何でもなく、実験室でしっかりと確認された法則だ。

それでは、ビッグバン前の小さな小さな宇宙では、何が量子ゆらぎを起こしていたのか。

この問いへの答えは、ふたつある。

先ほど、インフレーション時の宇宙にあったのは空間だけだと言ったが、それは「強い重力波を生むような天体はなかった」という意味であって、実際はほかに何もなかったわけではない。インフレーション理論では、空間を押し広げる役割を持つ粒子が存在したと考えられている。その名も「インフラトン」。インフレーションを起こす粒子という意味だ。まだ発見されていないが、これがあったとすれば、不確定性原理にしたがって、そこには量子ゆらぎがある。量子論はすべての物質に適用されるからだ。

「空間の量子ゆらぎ」が重力波となって今の宇宙に再登場する

だが、ゆらいでいたのはインフラトンだけではない。空間そのものも量子ゆらぎを起こしていたと考えられている。そして、原始重力波の震源はこちらのほうだ。

これを聞いても、すでにあなたは驚かないかもしれない。空間が「空っぽ」ではなく、膨張したり曲がったりする物理的な実体であることは、本書で何度も強調してきた。物理的な実体であるならば、空間が量子ゆらぎを起こすのも不思議には感じられない。しかし、これはインフラトンの量子ゆらぎとはまったく意味が違う。というのも、これまで実験で検証されているのは、物質の量子ゆらぎだけだからだ。空間は物理的な実体だが、それは「物質」ではない。空間の量子ゆらぎを見た人はまだいないのだ。

ところがインフレーション理論は、空間の量子ゆらぎによって原始重力波が生じると予言している。たしかに、それが実体であるならば何らかの物理量を持っているわけだから、不確定性原理が当てはまるだろう。それが量子論の考え方だ。

ここで、量子ゆらぎを持つ物理量とは、第二章で説明した空間の「伸び具合」である。空間が透明な蜘蛛の巣だとすれば、そこかしこで、糸の伸び具合が確率的にバラつくのが「空間の量子ゆらぎ」だろう。いわば地球の岩盤がズレるようなものだから、それが「震源」となって確率的な波が伝わっていくであろうことも想像できる。

そしてインフレーションは、その暴力的とも言える急膨張によって、空間の量子ゆらぎも激しく引き伸ばした。すると、どうなるか。僕たち専門家は、しばしばそれを「凍りつく」という言葉で表現する。ミクロの世界でふらふらと曖昧にゆらいでいたものが、思い切り引き伸ばされることで、ビシッと固定化するようなイメージだ。

その「凍りついた量子ゆらぎ」が、現在は原始重力波として宇宙全体に広がっていると考えられる。それはいったい、どういうことか。

すでに述べたとおり、インフレーション前の宇宙は因果関係の持てる小さな領域におさまっていた。それが急膨張で引き裂かれるようにして「地平線」の向こうに遠ざかってしまったのだが、インフレーションが終わると膨張は減速に転じるので、いったん地平線の向こうへ去った光が再び届く時代が訪れる。

それと同時に、いったん引き伸ばされて凍りついた量子ゆらぎも、昔の地平線を超えて届くようになる。固定化されたゆらぎが、再び動き出すのだ。これは、もうミクロの世界のものではないので、量子論的な「ゆらぎ」ではない。マクロの世界を支配する一般相対性理論で記述される「波」、つまり重力波だ。一三八億年前の量子ゆらぎが、相対論的な（物理学では、古典的な、とも言う）重力波として、われわれの前に再登場するのだ。

ただし、この原始重力波は波長がものすごく長い。なにしろインフレーションによって宇宙全体のレベルまで引き伸ばされているので、連星や超新星爆発などで生じる重力波とは周波数が十桁《けた》以上も違う。ふつうの重力波が船の上から見える海の波だとすれば、原始重力波は、いわば日本とサンフランシスコのあいだの太平洋をひとまたぎするような長大な波長のようなものだ。船の上からでは、波にさえ見えない。それを波としてとらえるには、地球の外から観測しなければならないだろう。

したがって原始重力波は、ふつうの重力波を直接検出するための実験装置では今の技術では観測不能。それを検出するには、僕たちのポーラーベアやＢＩＣＥＰ２のような別の手段による独自の実験が必要になるのである。

その方法は後ほど第六章で説明するが、原始重力波の存在が確認されたら、インフレーションが裏づけられるだけではない。「空間の量子ゆらぎ」という現象が初めて観測されたことになる。これも、物理学の歴史に刻まれるひとつの金字塔のような発見なのだ。

ＣＭＢという「天然のスクリーン」に映る原始重力波の痕跡

その原始重力波を見るために、僕たちポーラーベアはチリのアタカマ高地で、ＢＩＣＥ

P2は南極で、それぞれCMBを観測している。ほかにも同じ目的でCMBを観測している実験グループはたくさんあり、準備中のものを含めると、その数は全部で三〇前後になるだろう。

このような観測実験が計画されるようになったのは、そんなに昔のことではない。ふつうの重力波を直接検出するための実験は一九六〇年代から行われていたが、こちらは一九九〇年代の終盤にはじまった。

そのきっかけになったのは、ある理論的予言だ。それまで、原始重力波はどう検出していいかわからなかったのだが、一九九六年に、その可能性があることが提示された。インフレーションを震源とする原始重力波が存在するならば、その痕跡がCMBに指紋のように残っているはずだというのだ。

CMBは、ビッグバンから三八万年後に生まれた。インフレーションが起きたとすれば、それによって生じた原始重力波の出発点は、地球から見るとCMBより遠くにある。つまりCMBは、僕たちから見てインフレーションの「手前」に広がるスクリーンのようなものだ。それを天然の実験装置として使えば、原始重力波の痕跡が見える。その予言が示唆したのは、そういうことだ。

身近なところでも、たとえば川の水面がスクリーンのように川底の様子を映し出すことがある。川底がツルツルなら表面の流れはどこも同じになるが、底に岩や穴などがあると、その部分だけ流れのベクトルが変わり、川面《かわも》に渦が生じたりするのだ。CMBに映る原始重力波の痕跡も、そのようなものだと思えばいいだろう。これから説明するように、まさに渦のパターンなのだ。

この痕跡を「Bモード偏光」という。二〇一四年三月の報道でも、よく出てきた言葉だ。このキーワードを「Bモード」と「偏光」に分けて、まずは「偏光」のほうから説明しよう。

一般的に、波には縦波と横波の二種類がある。媒質の震動が進行方向に平行なのが縦波で、垂直なのが横波だ。

光（電磁波）には、横波しかない。横波には、偏光という現象が生じる。ふつうの光は進行方向に垂直なあらゆる向きの横波が混ざっているが、条件によっては一部の波がカットされ、偏った向きの波だけが残るのだ。とくに、壁や地面などで反射された光は偏光することがわかっている。偏光など初めて耳にする方もいるかもしれないが、実は日々の生活でも、渋く役に立っている。たとえば、この性質を利用したのが、偏光レンズを使ったサングラス。一定の方向の波しか通さないスリットを組み込むことで、上下方向からの光がカットされる。たとえばアスファルトで乱反射した下方向からの光は通さないので、眩《まぶ》しさが軽減されるわけだ。

偏光自体は、このようにありふれた現象だ。しかし、CMBの偏光は、特別な意味を持つ。物理用語が多く、ハードに感じられるかもしれないが、あと少しだ。いよいよ次で原始重力波の痕跡となる「Bモード偏光」というキーワードを説明しよう。

「Bモード偏光」が生じるメカニズム

宇宙の晴れ上がりの前には、たくさんの電子や陽子が、光と共存していた。たとえば図6のように、中央にある電子に光がぶつかって散乱する場合、もともとの光はあらゆる方向の横波を含んでいるが、図中に描かれた観測者の視線方向に振動している波（aとb）は、仮に散乱されたとすると縦波になってしまう。しかし、光に縦波はない。そのため、

図6 CMBのローカルな温度分布と偏光の生成

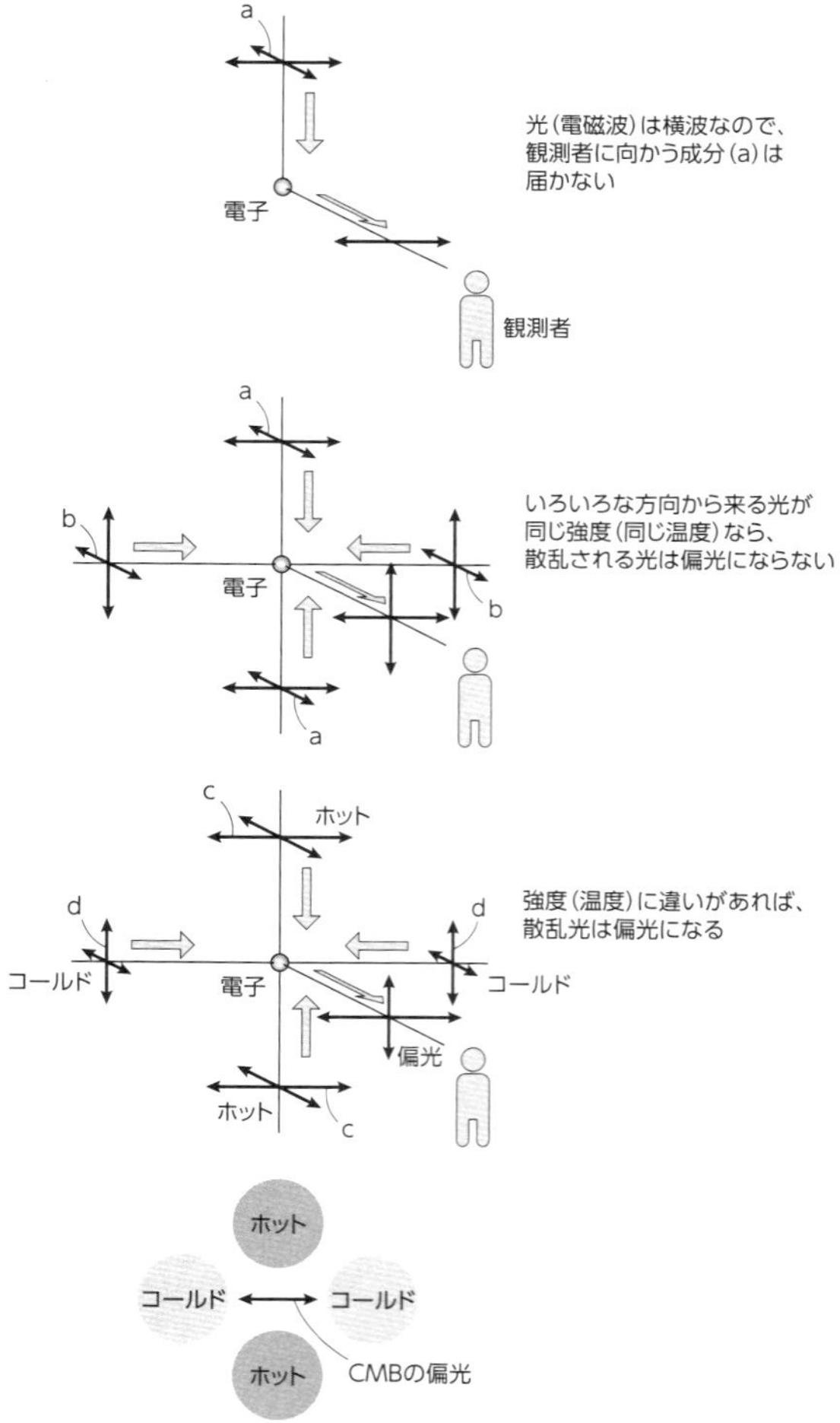
a
光(電磁波)は横波なので、
観測者に向かう成分(a)は
届かない
電子
観測者
a
b
いろいろな方向から来る光が
同じ強度(同じ温度)なら、
散乱される光は偏光にならない
電子
b
a
c
ホット
d
強度(温度)に違いがあれば、
散乱光は偏光になる
d
コールド
電子
コールド
偏光
ホット
c
ホット
コールド
コールド
ホット
CMBの偏光

観測者にはその部分だけがカットされて見える。こうして、もともとの光に偏りがない無偏光の場合でも、観測者に届く光は偏りを持つのだ。

また、光は（量子論によると）波であると同時にフォトン（光子）という粒の性質も持っており、温度が高いほうがその数が多い。すると、どうなるか。温度の高い「ホット」と示した方向からは水平に描かれた横波（c）、左の温度の低い「コールド」と示した方向からは垂直に描かれた横波（d）が届くのだが、「ホット」からのフォトンのほうが数が多いため、観測者には水平方向の横波を多く含むように見える。

つまり、宇宙のどこか一点にズームインしたとき、そのまわりに図で示した「ホットとコールド」のパターンがあれば、「ホット」にはさまれたような偏光ができる（図6最下段）。ホットサンドのハムとかチーズみたいだ。

原始重力波はこのホットサンドを作ることができる。重力波は空間を伸び縮みさせながら伝わる。図7に描かれた重力波は、左奥から右手前に紙面を突き破るように進んでいるとしてながめてほしい。点線の楕円は、斜め方向に空間が伸び縮みしている様子を表している。このとき、温度は縮む側から来る光のほうが高く、伸びる側から来る光のほうが低

図7 原始重力波の作るホット−コールドとCMBの偏光

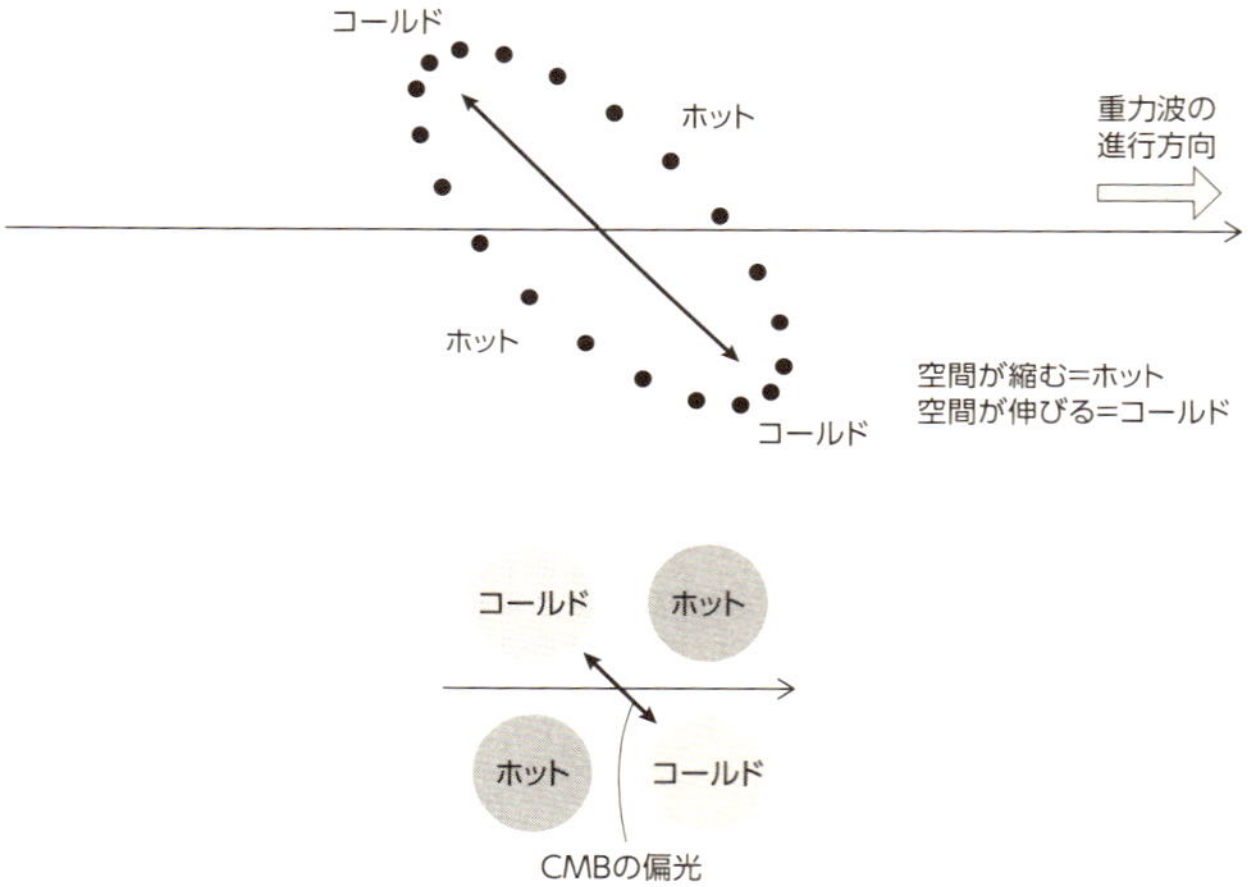

左奥から右手前に向かって紙面を突き破るように進む重力波を紙面に投影した図

図8 原始重力波の通り道に沿って、斜めのCMB偏光が現れる

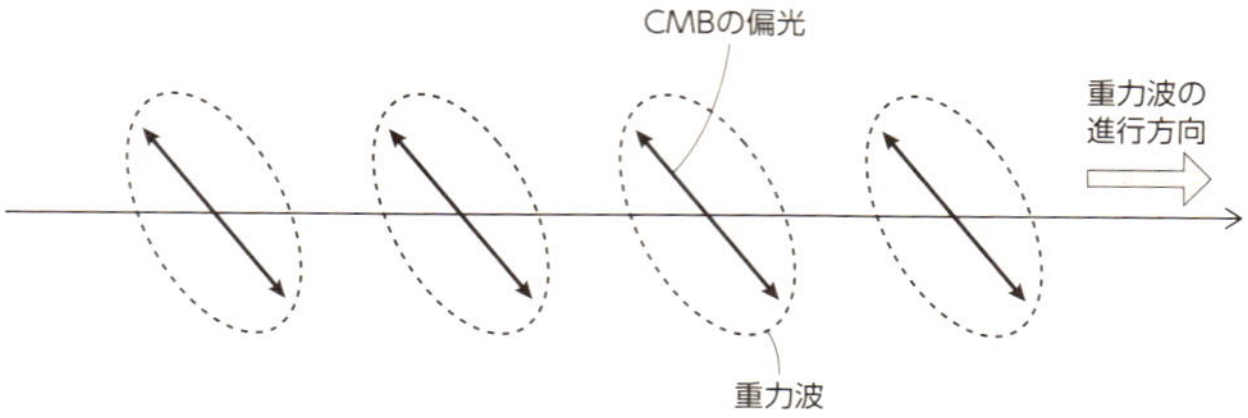

左奥から右手前に向かって紙面を突き破るように進む重力波を紙面に投影した図。
重力波の位相が同じところの偏光だけを描いてある

い。すると、先ほどのケースと同様、「ホット」にサンドイッチされるような形で、斜め方向の偏光が生じる（図7下の図）。

ここまで宇宙をズームインしていたが、一気にズームアウトしてみよう。図8のように原始重力波の進行方向に沿って、たくさんのホットサンドが並ぶことになる（ただし、見やすくするために、重力波の位相が同じところの偏光だけを描いている）。もしこのような重力波が四方八方から飛んできたら、その交点ではどうなるか。図9のように、渦パターンができる。図9は位相がそろったきれいな一例に過ぎず、実際の宇宙でどんな渦パターンができているか予言するにはいろんな方向の原始重力波を無数に重ねていく必要があるけれど、渦が完全に消えることはなくて、天空のあちらこちらで見られるはずである。

この渦巻きパターンが、「Bモード偏光」である。

前章で出てきたインフラトンの量子ゆらぎ（CMB温度ゆらぎのもとだ）も無数のホットサンドを作った。だけど、渦巻き型にはならないことが理論計算によりわかっている。渦でないものは、「Eモード」という名前がついていて、Bモードとは区別されている。原始重力波もすべてのホットサンドが渦巻き型を作るのではなく、だいたい半分はEモード

図9 重力波の影響で現れる渦巻きパターン(Bモード)

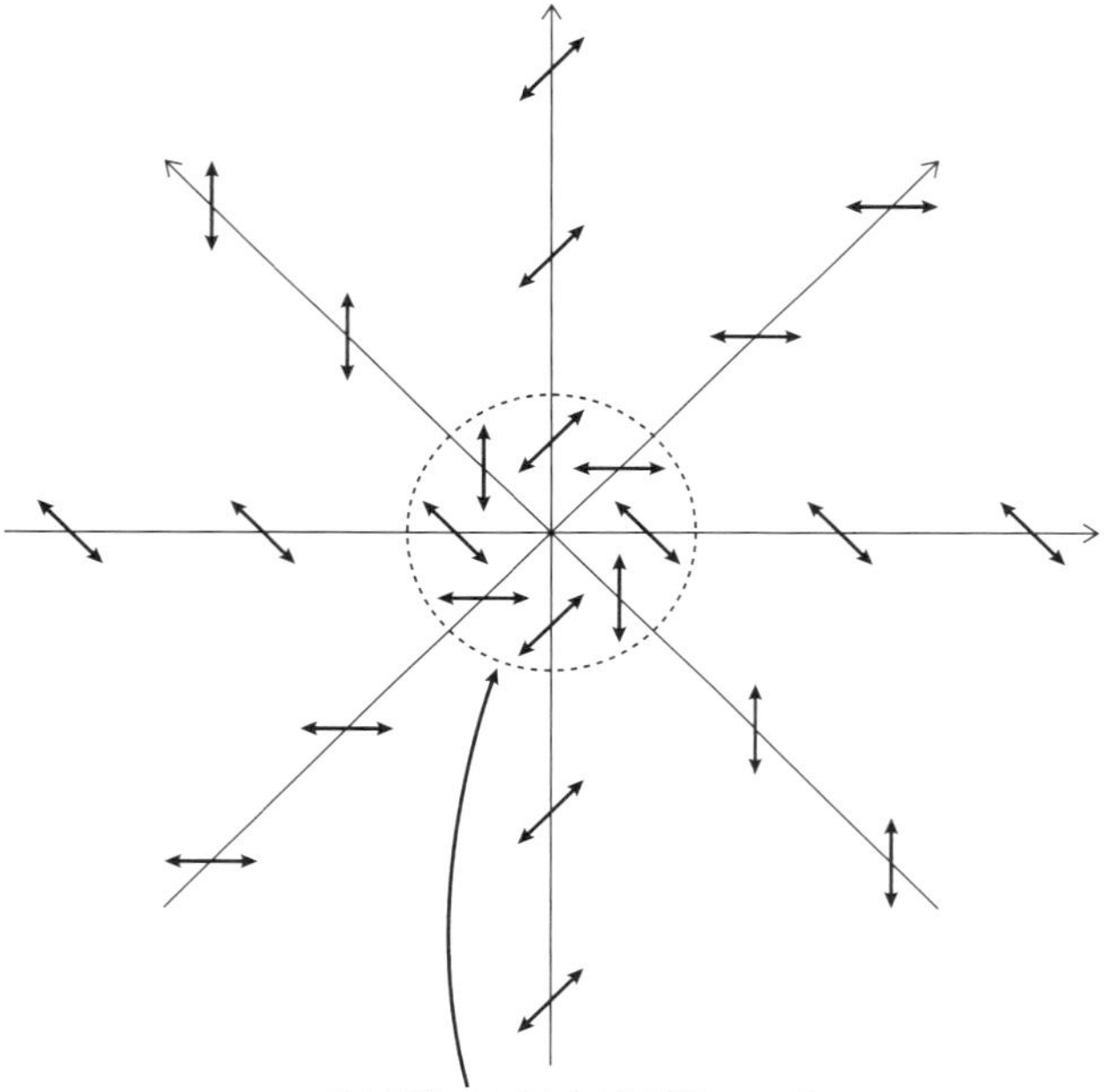
重力波がいろいろな方向から飛んでいると、
その交点ではCMBの偏光パターンに
渦巻きができる(Bモード)

になるというのが理論予想だ。でもインフラトンの量子ゆらぎに由来するEモードのほうがずっと大きいので、重力波由来のEモードは埋もれてしまう。混じり気のない純粋な原始重力波の信号を探すことができる、これがBモードの最大の魅力だ。

だから僕たちは、BICEP2のようなライバルグループと競争しながら、懸命にCMBを観測している。印象的な形をしたBモード偏光こそが、僕たちのターゲットなのだ。

第六章　ポーラーベアの挑戦

組織の「バカ者」として実験的宇宙論への進出を提案

インフレーション由来の原始重力波が、ＣＭＢ（宇宙背景放射）にＢモード偏光という痕跡を残している――物理学の分野には数多くの理論的予言があるが、これほど実験家にとって魅力的なものはない。少なくとも僕はそう感じた。

なにしろ、それを発見すればビッグバン以前に何が起きたのかが解明されるのだから、まさに宇宙論のメインストリームとなるようなテーマだ。宇宙誕生の瞬間を写真撮影する、と言っても過言ではない。当然、それは「宇宙のルールブック」に直結する。しかも素粒子実験で培った自分たちの技術や経験が活かせるのだから、僕が「これしかない！」と興奮気味に思い定めた気持ちも、少しはわかってもらえるだろう。

とはいえ、準備ができ次第すぐCMB偏光観測のプロジェクト提案をしたわけではない。当時の仕事はあくまでも素粒子実験だ。その頃KEKでは、小林・益川理論の証拠を見つけたBファクトリーのアップグレードを計画中で、僕はその旗振り役のひとりだった。装置のデザインや期待される成果の検討などで忙しかった。

転機が訪れたのは、入院から二年後の二〇〇七年だ。KEKの機構長に就任したばかりの鈴木厚人さんが、年頭の挨拶《あいさつ》でこんな趣旨の話をされた。

組織を活性化するには、今までと同じ人間が同じことをしていたのではいけない。まず、「若者」の力が絶対に必要だ。二番目に、「よそ者」がいたほうがいい。内側から見てきた人間ばかりだと、やがて組織は疲労してしまう。

そして、鈴木機構長が「若者」「よそ者」に続いて最後に挙げたのが、「バカ者」だった。急に思いがけないことを言い出すおかしな人間がいたほうが、組織は活気づくとおっしゃるのだ。

僕はその時点で四〇歳を過ぎていたから科学の世界では若者ではないし、長くKEKを研究の拠点としているのでよそ者でもない。でも、そういう意味のバカ者にはなれる。素粒子の加速器実験を行う研究所でインフレーション宇宙の検証実験をはじめるなんて、それまで誰も考えなかったのだから、かなり「思いがけないこと」だ。

また、アップルの故・スティーブ・ジョブズが二〇〇五年にスタンフォード大学の卒業式で行った伝説のスピーチも僕の背中を押した。"Stay hungry. Stay foolish."で締めくくられた有名なスピーチだ。こちらは若者に向けられた言葉だから、「四十路のおまえが真に受けてどうする」と笑われるかもしれないけれど、ジョブズ自身だって、きっと最後まで「フーリッシュ」であり続けようとしていたに違いない。

そんなわけで、僕は温めていたアイデアをKEKで提案することにした。ラッキーだったのは、ちょうどそのタイミングで教授の公募があり、ノンジャンルで新しい提案を求められたことだ。ふつうは、Bファクトリーなりニュートリノ関係の実験なり、研究テーマを限定して公募されるのだが、なぜかそのときは違った。准教授だった僕としては、思い切ってCMB観測実験を提案できる。KEK素粒子原子核研究所の高崎史彦所長（当時）も、先見の明があるアイデアマンで、僕の提案を高く評価してくれた。

その提案が採用されたことで、僕の立場は大きく変わった。それまで「素粒子実験の准教授」だった人間が、「実験的宇宙論の教授」になったわけだ。教授になった瞬間にこんなに研究分野が変わるケースは珍しいかもしれない。そして、教授になってからもプロジェクト立ち上げに関しては、ＣＭＢ偏光観測に関して先駆的な仕事をされていた服部誠さん（東北大学）をはじめとして、実に多くの方々の応援を受けた。そのことを僕は忘れない。

大量のデータ解析は素粒子物理学の得意分野

もちろん、研究対象が変わるとはいえ、素人同然の入門者としてそのジャンルの門を叩《たた》くのとはわけが違う。いわば、それまで京都あたりの老舗《しにせ》で腕を振るっていた板前さんが、パリに行ってフランス料理店の厨房《ちゅうぼう》に飛び込むようなものだろう。当然、それぞれのノウハウや流儀には違うところがあるが、同じ料理である以上、どちらにも通用するものもある。フランス料理の技術から学べる部分があるのと同時に、和食の技術によってフランス料理がより良いものになることもあるはずだ。

入院をきっかけにリサーチした時点で、加速器実験のノウハウがＣＭＢ観測に活かせることはわかっていた。たとえば僕たちは、マイクロ波を制御する技術を持っている。素粒子実験の加速器は、電子や陽子などを加速したり曲げたりするのに、マイクロ波を使うからだ。CMBもマイクロ波だから、それを観測する装置にはマイクロ波工学が必要になる。

また、加速器実験もCMB観測も、センサーの感度を高めるためにノイズを減らす工夫が欠かせない。そのためにとくに求められるのが、実験装置を低温にするための冷却技術だ。温度が高いほど、ノイズは増えてしまう。僕たちは加速器実験でその研究をさんざんやっており、それはCMB観測にも応用できることが明らかだった。

さらに、CMB観測実験では、大量のデータをいかに解析するかがひとつの課題になることがわかっていた。ちょっと勘違いしている人もいるかもしれないが、Bモード偏光を探す実験は、CMBのあちこちに望遠鏡を向けて、「あっ、ここに渦巻きがあった！」といった具合に見つけるものではない。たくさんのデータを集めて解析し、そこにあるのがBモード偏光である「確率」を高められるかどうかが勝負だ。実験には誤差がつきものなので、確率は決して一〇〇%にはならない。それがある確率を超えたときに、「発見」として認められる。だから、観測装置の感度を上げるだけでなく、データ解析の技術も高めなければならない。

　これは、素粒子の実験も同じだ。たとえばＣＥＲＮの巨大粒子加速器ＬＨＣ（Large Hadron Collider）で発見されたヒッグス粒子も、粒子ビームを衝突させた瞬間に「ほら、ここにある！」と指をさして見つけるようなものではない。天文学的な回数の衝突を重ねてデータを集め、それがヒッグス粒子である確率が九九・九九九九％を超えたときに、ようやく正式に「発見」となったのだ。

　ＬＨＣにかぎらず、素粒子の加速器実験とはそういうものだ。確率をそこまで高めるには、膨大な量のデータを集めなければいけない。データが多ければ多いほど、その解析にも高度な技術が求められる。もちろん僕たちＫＥＫの研究者も、Ｂファクトリーなどの実験を通じてそれを磨き上げてきた。それはＣＭＢ観測でも十分に活かせるはずだ。

　このように、いくつもの点で、ＫＥＫの持つ技術はＣＭＢ観測にドンピシャリと当てはまっていた。だから僕はこの分野に乗り出そうと考えたのだし、僕の提案がＫＥＫで受け入れられたのも、自分たちのノウハウを有効活用できると判断されたからだろう。

　断っておくが、ここまで述べてきたさまざまな技術を、僕がすべて身につけているのではない。ＫＥＫはさまざまな技術を持った専門家の集団だ。僕がＣＭＢプロジェクトを立ち上げると、優秀な若手研究者たちが、面白いと感じて飛び込んできてくれた。彼らの力なしには、何もはじまらなかっただろう。

データ解析における天文学との文化の違い

ところで、これは実際に実験グループに参加してから気づいたことだが、データ解析の手法については、天文学と素粒子物理学のあいだに大きなギャップがあった。

ＣＭＢ観測を手がける実験グループは、基本的に、天文学者たちが主導していることが多い。僕たちはそこに後から参加する形でスタートしたのだが、同じ科学者でも、分野が違えば文化も違う。そのせいでいろいろと戸惑うことがある中で、いちばん「文化衝突」が激しかったのがデータ解析のやり方だ。

解析という作業は、実験で得られたすべてのデータをカウントするわけではない。装置の不具合や悪天候など条件の良くない環境下でのデータは取り除く必要がある。これは、コンピュータで自動的にやることができない。人間の判断だ。

そこで重要になるのが、「いかに主観を排除するか」という問題である。

実験には「期待する答え」があるが、その答えに合うデータばかり拾ってはいけない。しかし人間の心理とは厄介《やっかい》なもので、そんなことをするつもりがなくても、ものの見方にバイアスがかかってしまい、無意識のうちに自分の予想に合わないデータをノイズとして排除してしまう可能性がある（意識的にやるのは論外で、そんなものは科学とは呼ばない）。実際にそれをやっていなくても、論文の読み手に「データ解析に主観が入っているのではないか」と疑われれば、そのデータに基づく結論は受け入れてもらえない。結論が正しいと認めさせるには、主観を排除するための工夫をしていることを明らかにすることが必要だ。

そこで、素粒子物理学の実験では人間のバイアスを排除することに力を入れている。よく使われるのは「ブラインド解析」だ。一口で言えば、測定する物理量を隠して解析作業を進め、最後にそれを見る手法だ。こうすると、自分たちの期待するモデルに合わせてデータを操作することができない。素粒子物理学の世界では、誰もがそれを必要な作法として身につけている。ヒッグス粒子の発見もブラインド解析が使われた。

ところが天文学の世界には、その習慣がない。とにかく望遠鏡で空を「見る」のが仕事だからなのかもしれないが、観測データもブラインドをかけずに全部すぐに見てしまう。それが根強い文化として共有されているのが、僕らにとってはかなりの驚きだった。

実際、天文学の論文を読んでも、僕たち物理屋から見ると、違和感を覚えるところがある。物理学者は仮説の検証がどのくらいの確率でなされているかを系統誤差（偶然や確率に左右されない原因のある誤差）をすべて数値化（定量化）することまで含めて徹底的に突き詰めるのだが、従来の天文学の論文ではあまりそういうことをしていなかった。

天文学者と物理学者と数学者の違い

ちなみに、天文学者と物理学者の違いについては、有名なジョークがあるのをご存じだろうか。一緒にスコットランドを列車で旅しているとき、窓の外に黒いヒツジが一匹いるのが見えた――という設定だ。

そこで、天文学者は「なるほど、スコットランドのヒツジは黒いんだな」と言う。それに対する物理学者の言い分はこうだ。

「何をバカなことを。正確には、スコットランドには、黒いヒツジも一匹はいる、ということだよ」

どちらかというと物理学者寄りのジョークなので、天文学者は怒るかもしれないが、こういう雰囲気の違いはたしかにある。ただし、このジョークはこれで終わりではない。電車には数学者も乗っていて、こんなことを言うのだ。

「二人とも、何をバカなことを言ってるんだ。スコットランドには少なくとも一匹、少なくとも片側が黒いヒツジがいるんだ」

たしかに論理的にはそうだが、あまりに浮世離れしすぎていて、数学者もこれを聞いたら怒るかもしれない。いや、あるいは、もちろんとうなずくかも……。

物理学者だけ贔屓《ひいき》するのは気がひけるので、生物学者が一緒にいて、この後こうつぶやくバージョンも紹介しておこう。

「あれはヤギだよ」

冗談はともかく、宇宙論の根源に関わる大きな発見を目指している以上、データ解析の手法を「文化の違い」で片づけるわけにはいかない。より厳密で説得力のある結果を出すには、誰からも文句の出ないデータ解析を心がけるべきだろう。

だから僕らはブラインド解析を行うよう主張したのだが、当初は同じ実験グループの天文学者からかなり強い抵抗を受けた。

「どうして見ないんだ？　見なきゃ何もわからないじゃないか」

「いや、見ちゃうとバイアスがかかるでしょう。見たいデータが見えただけで満足してはダメなんですよ」

そんな議論を何度も激しくやり合ったものだ。しかし最終的には、素粒子物理学の流儀が受け入れられた。装置を作るための技術だけでなく、そういう面で実験のやり方を改善できるのも、異分野の研究者が参加することのメリットのひとつだと思う。

いずれにせよ、データに表れるいろいろな問題をひとつひとつ解決していくことは、推理小説の謎解きのようにワクワクする作業だ。そして最後に美しい調和が見えてくる。あ、論文が出せるな、と確信する瞬間である。その喜びは一度味わうと、やめられない。

素粒子物理学の伝統にしたがって若い研究者の渡米を応援

話が前後してしまったが、二〇〇七年にＫＥＫからＣＭＢ実験のゴーサインが出ると、僕は仲間を募り、アメリカの大学や研究機関と共同研究をはじめた。KEKのエース級の若手研究者たちが、これまでのキャリアを投げうって長期にわたり渡米してくれた。まずシカゴ大学へ行った田島治さん、その後、カリフォルニア大学バークレー校へ行った都丸隆行さんである。これは、日本の素粒子実験の伝統にならったやり方だ。

日本の素粒子物理学は、湯川秀樹博士や朝永振一郎博士がノーベル物理学賞を受賞するなど、理論ではかなり早い時期から世界の最先端を走っていたが、加速器実験に関しては後進国だった。

それが大きく発展したのは、優秀な若い研究者が世界でトップの研究機関に乗り込んで学び、彼らがそこで得たものを持ち帰ったからだ。たとえばカミオカンデ実験でノーベル物理学賞を受賞した小柴昌俊さんも、一九五〇年代にアメリカへ渡って勉強し、その後、日本でオリジナルな実験をやりはじめた。そういう努力の結果、今や日本の素粒子実験は世界でもトップクラスにある。

僕らはそのやり方を継承したかっこうだ。僕らが参入を決めた当時から現在に至るまで、CMB観測で先頭を走っているのはアメリカだ。もちろん、教わりに行けば誰でも受け入れてもらえるわけではない。当然、向こうも値踏みする。しかし僕らには、素粒子実験で世界トップクラスの実績があった。アメリカでも一流の研究機関で受け入れてもらえたのは、その点で信頼されたからだと思う。

これは素粒子物理学の分野でもそうなのだが、アメリカの優秀な研究者たちは何でもオープンに教えてくれる。いくら教えても「抜かれることはない」という自信があるからだろう。また、自分たちの発明やアイデアが世界に広まるのは良いことだという意識もあると思う。そのあたりは、すぐに大きなビジネスに直結しない基礎科学の良いところだ。質問すれば、論文に書いていないことでも、まったく隠そうとしない。そういう意味でも、教わりに行くなら世界一のところを選ぶべきなのだ。

どのグループと組むか決めるために、プロジェクトの正式なゴーサインが出る前に、僕はアメリカやヨーロッパのめぼしい大学や研究所を訪ねてみた。そして僕たちはふたつの実験グループの共同研究者としてCMB観測に関わることにした。ひとつは、現在もやっているポーラーベア実験、もうひとつはシカゴ大学が中心になって進めていた「クワイアット（QUIET＝Q/U Imaging ExperimenT）」という実験だ。

先に参加したのは、クワイアットのほうだった。こちらも、実験装置があるのはチリのアタカマ高地。僕が初めてそこに行ったのは、二〇〇八年一〇月のことだ。クワイアットのリーダーはブルース・ウィンシュタインという人で、もともと素粒子実験をやっていた。僕も一九九三年から九四年にかけてアメリカで彼の実験に参加したことがある。同じ文化を共有している意味でも、最初に組む相手として都合がよかったと言えるだろう。

また、ブルースは僕以外にも、何度も日本人と一緒に実験をやっていた。その中には、後に素粒子実験の分野で大学の教授になった人が何人もいる。その経験を通じて、日本人は猛烈に働くと知っているので、ブルースもKEKの参加は大歓迎だったのではないだろうか。そのときもすでにシカゴ大学の研究員として日下暁人さん（現ロレンス・バークレー研究所）がクワイアットに参加していた。日下さんは、僕とは独立に二〇〇六年の初め頃からブルースの研究室に参加する準備を進めていた。お互いの志を知った二〇〇六年の秋以降には二人で勉強会などもした。日下さんがいたこともクワイアットへの参加を決めた理由のひとつだ。日下さんと、前述したKEKから長期出張の田島さんは、観測装置の組み立てからデータ解析に至る全行程で大車輪の活躍を見せた。

クワイアットとポーラーベアのふたつに参加した理由

同時にふたつの実験グループに参加した理由は、いくつかある。いちばん大きかったのは、それぞれ観測するCMBの周波数が異なったことだ。

CMBには量子ゆらぎに由来する温度のムラがあるので、周波数もひとつに決まっていない。もっとも強いのは一六〇ギガヘルツ程度だが、地上で観測する場合、その周辺の周波数で、うまく大気圏を突き抜けて届くものを選ぶ必要がある。

しかし、広い範囲の周波数をひとつの観測装置で網を張るようにキャッチすることはできない。どこかの周波数に狙《ねら》いを定めたほうが、観測精度が高まる。

当時、クワイアットは約四〇ギガヘルツと約九〇ギガヘルツのふたつに狙いを定めていた。一方、ポーラーベアは一五〇ギガヘルツ。この三つの周波数を合わせれば、最強の解析になるだろう。そう考えて、両方に関わることにした。ふたつの実験グループがライバル関係にあるとそれも難しいが、クワイアットとポーラーベアはいずれタッグを組んで一緒にやろうという話になっていたので、問題ない。

また、ふたつのグループは、観測装置の心臓部ともいえるセンサーの技術がまったく違っていた。クワイアットのセンサーは半導体を使用する「ＨＥＭＴ」と呼ばれるもので、これは無線ＬＡＮのような通信機にも使われている。日本企業の研究者が発明した技術だ。かたやポーラーベアのほうは、超伝導センサーを使っていた。実は、僕の頭にある将来のＣＭＢ観測では、ＨＥＭＴよりこちらのほうが有望だ。

詳しくは次章で説明するが、ＣＭＢ観測による原始重力波の研究は、現在の方法だけで終わるわけではない。より高い精度で観測するには、地上からではなく、人工衛星を打ち上げて宇宙空間で観測する必要がある。僕はＣＭＢ観測に乗り出した当初から、そこまで考えていた。

そして、人工衛星による観測には、ＨＥＭＴではなく、よりコンパクトで消費電力も小さい超伝導センサーが断然有利だ。ならば、早いうちからその研究を進めておいたほうがいいだろう。それが、ポーラーベアと組む大きな理由のひとつだった。

ポーラーベアはカリフォルニア大学バークレー校のエイドリアン・リーが率いるプロジェクトだ。エイドリアンのグループはＣＭＢ観測用の超伝導センサー開発で世界のトップを走っている。初対面の日から「こいつとなら学者生命をかけて一緒に仕事をしてみたい」と思えたすばらしい相棒である。

その一方で、クワイアットと組みたい理由もあった。いちばん早く観測結果が出せそうなのが、クワイアットだったのだ。

素粒子実験を専門にやってきたＫＥＫが宇宙観測の分野に乗り出すとなると、学界ではそれなりに大きな注目を集めることになる。この新しい試みを長続きさせるには、最初のインパクトが大事だ。若い研究者も、なかなか結果が出ない実験は精神的にキツい。だから僕としては、ロケットスタートを切りたかった。早い段階で何らかの結果が出て、その実験でＫＥＫが重要な役割を果たしたとなれば、今後に弾みがつく。

しかしポーラーベアのほうは超伝導センサーがまだ開発中で、実際に観測をはじめてデータ解析が行われるまでに時間がかかりそうだった。実際、ポーラーベアが最初の観測結果を発表したのは二〇一三年のこと。クワイアットは、僕らが参加してから二年後の二〇一〇年に結果を出している。

このように、それぞれのメリットを享受するために、僕たちＫＥＫはふたつの実験に参加した。そこで、これまでにどんな役割を果たしてきたのか。次にそれを説明しよう。

マイクロ波で見る月はいつも満月

クワイアットの観測装置は、ＫＥＫが参加した時点でほぼ完成していた。しかし、システムを注意深く組み上げて、正しく作動するようにテストするような技術は、素粒子実験で身につけたノウハウをそのまま現場で活かすことができる。また、データの解析やマネージメントも僕らの得意分野だ。最終的には、生データをすべてネットワークでＫＥＫに送って管理するようになった。

ただし、クワイアットで想定していたＫＥＫの関わり方はそれだけではない。第二段階の「クワイアット２」では、データの読み出しエレクトロニクスの部分で、自分たちの得意とする技術を投入する予定だった。センサーで受信したアナログの光を、デジタル処理する技術だ。しかしクワイアット２の計画は頓挫《とんざ》してしまった。リーダーのブルース・ウィンシュタインが亡くなるという悲しく無念なことが起きてしまったからだ。ブルースはＫＥＫのＣＭＢグループにとって恩人のひとりだった。今でも彼がジョークを言うときのちょっと皮肉をこめたいたずらっぽい笑顔を思い出す。

装置の話に戻ろう。CMBの観測装置は、大まかに言うと、光を集める望遠鏡の部分と、それを感知するセンサー、そのセンサーの温度を下げる冷却装置の三つからできている。もちろん、信号を読み出したり、望遠鏡の方向をコントロールしたりするための電子機器も欠かせない。装置そのものは大がかりだが、冷却装置があることを除けば、市販のデジタルカメラの仕組みと基本的には同じだ。

ただし求められる性能は、ふつうのカメラとは違う。僕たちのCMB観測で精密に測りたいのは、光の強度だ。解像度はあまり重視しない。ほんのわずかな光の濃淡をどれだけ精密に見分けられるかが勝負になる。

光を集める望遠鏡の部分は、クワイアットもポーラーベアも「反射望遠鏡」と呼ばれるものだ。これは身近なところにもある。家庭で使うBSアンテナがそうだ。広げたお椀《わん》の部分で電波を反射させて、中央に集める仕組みになっている。クワイアットは、入ってくるマイクロ波を二回反射させて集光する形になっていた（図10）。

ポーラーベアも基本的には同じだが、集めた光を受信機に備えつけたレンズに通して、

図10　マイクロ波を二回反射させて集光するクワイアットの望遠鏡。建設中の写真

歪みを取り除くようになっている。ちなみに、そのレンズは透明ではなく白い色がついているので、一見、レンズだと思えないだろう（図11）。

でも、僕たちの肉眼には白く見えても、マイクロ波にとってはそれが「透明」だ。光が何を透過するかは、波長によって違う。第三章でも述べたが、可視光で見えるものが世界のすべてではない。たとえば、可視光で見る月には満ち欠けがあるが、マイクロ波で見る月はいつも満月。月が自ら出しているマイクロ波を見るからだ。太陽からの「反射マイクロ波」もあるが、それよりも月自身のマイクロ波のほうが一〇〇倍以上強いので、満ち欠

図11 ポーラーベア観測装置のしくみ

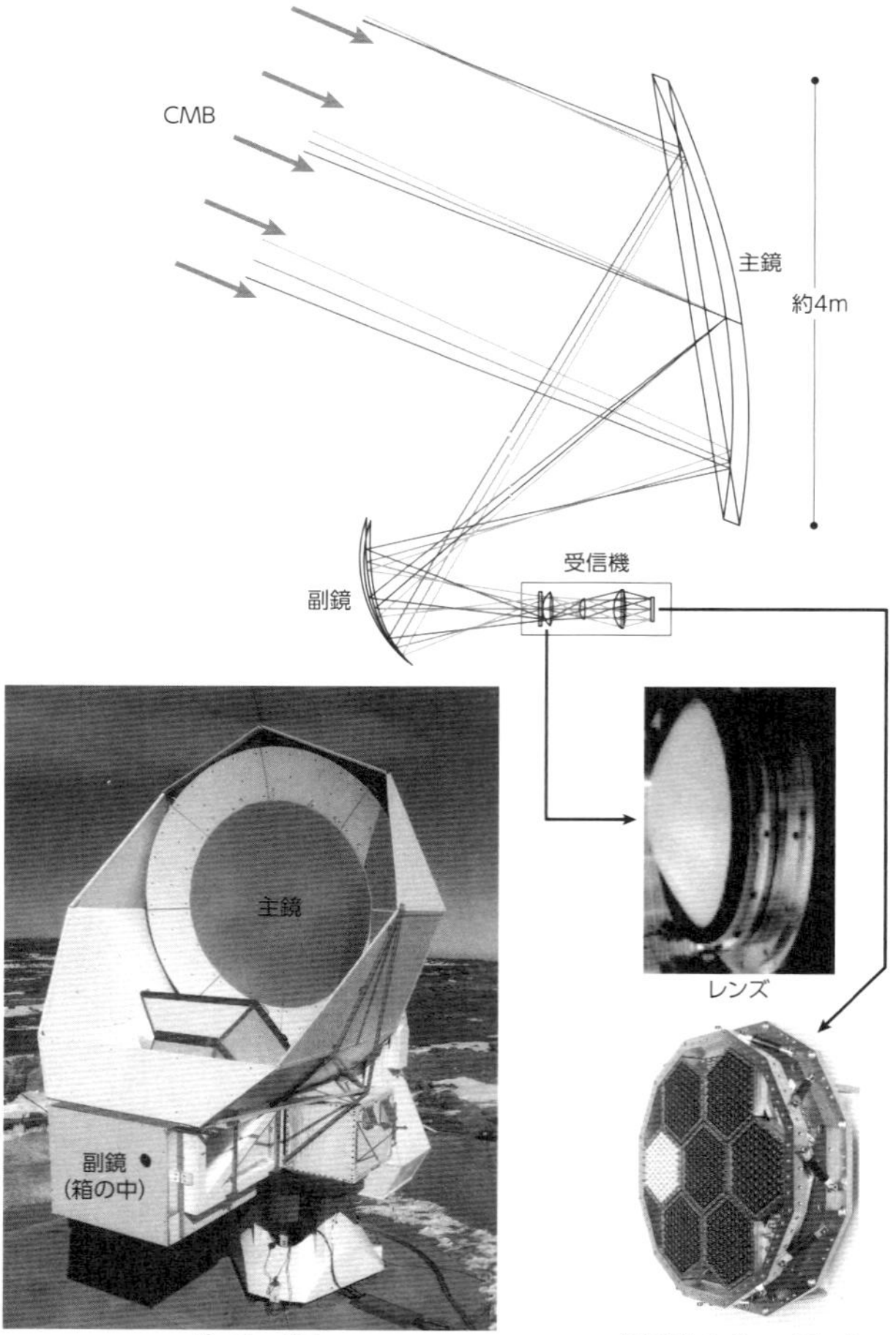

ポーラーベア　　超伝導センサー・アレイ

けはない。

その月からのマイクロ波が、実験に役立つこともある。クワイアットでは、定期的に望遠鏡を月に向けてデータを取り、装置のチェックに役立てていた。装置の調整は、実験室だけでは十分ではない。チリの高地に設置したら、その状態でチェックする必要がある。月でも惑星でも、マイクロ波を出すものを使えば、性能のチェックができるのだ。

重力レンズ効果によるBモード偏光もターゲットに

光を感知するセンサー（受信機）は、クワイアットでは切手サイズのものを使っていた。その前の世代のセンサーは三〇センチぐらいのサイズだったから、ここまで小型化したのは相当な技術革新だ。

これによって、センサーの数を一気に増やすことができた。旧来のサイズでは、同じスペースにせいぜい数個しか置けなかったが、クワイアットでは九〇個も置くことができた。センサーはひとつひとつが空の違う部分を見ることになるので、数が多いほど空の広い範囲から光を受けることができる。ＣＭＢの濃淡を精密に測るには、とにかく空から多くのマイクロ波を受けるにかぎるので、いかにセンサーの数を増やすかが、この実験の大きなテーマなのだ。

ただし、クワイアットの九〇個で驚くのはまだ早い。そのセンサーの数が、ポーラーベアでは一二七四個にまで増えた。これによって、感度が向上したことはいうまでもない。

ちなみにポーラーベアは、望遠鏡の反射板（主鏡と呼ばれる）もクワイアットより大きくなっている。クワイアットの反射板が直径一・四メートルなのに対して、ポーラーベアは約四メートル。ただしこれは、数が多いほど感度の上がるセンサーと違って、「大きいほど良い」というものではない。反射板のサイズは、実験の戦略によって変わる。別の言い方をすると、「何をキャッチしたいか」によってサイズが選択されるのだ。

反射板は、大きいほど角度分解能が上がる。これはつまり、解像度が高くなるということだ。しかし原始重力波に由来するBモードの観測は解像度をあまり重視しない。にもかかわらずポーラーベアが大きな反射板を使うのは、それ以外にも観測したいターゲットがあるからだ。ちょっと「欲張り」な計画なのだと思ってもらえばいいだろう。

前章で説明したとおり、ＣＭＢにＢモード偏光が観測された場合、それは原始重力波に由来するものだ。しかし実は、それとは別に「小さな渦のBモード偏光」という現象がある。CMBが地球に届くまでのあいだに、重力レンズ効果を受けて生じるものだ。こちらは、解像度を高めないと観測できない。そのため、ポーラーベアの反射板はクワイアットよりも大きくなった。

重力レンズ効果とは、天体の近くを通る光が重力によって曲げられる現象のことだ。これもアインシュタインの一般相対性理論で予言された現象である。CMBがその影響を受けると、原始重力波由来の偏光よりも渦の小さなBモード偏光が生じる。インフレーションや原始重力波とは関係のない現象だが、こちらはこちらで発見の意義は決して小さくない。このBモード偏光を精密に測定できれば、宇宙に存在するニュートリノという素粒子の総質量がわかる可能性があるのだ。そうなれば、宇宙の大規模構造に関する理解が大きく前進するだろう。

この重力レンズ起源のBモード偏光について、ポーラーベアはすでに先駆的業績を挙げているのだが、それについては次章に譲ろう。ともかく、同じCMB観測実験でも、グループによって戦略はさまざまだ。

たとえばＢＩＣＥＰ２は、重力レンズ起源のＢモード偏光は狙わず、原始重力波に特化した設計になっている。一方、ＢＩＣＥＰグループと同じ南極で観測を行っているＳＰＴ（South Pole Telescope＝南極点望遠鏡）は、反射板が直径一〇メートルと、ポーラーベアよりも大きい。これは、原始重力波や重力レンズ効果のＢモード偏光に加えて、ＣＭＢが銀河を通るときに生じる「スニヤエフ・ゼルドビッチ効果」の観測も目的にしているからだ。これはあまりに専門的なので説明しないが、このように、地球に届くＣＭＢには宇宙の成り立ちを伝えるさまざまな情報が含まれている。その中の何を見るかによって、観測装置の設計も変わるわけだ。

一号機より大きいポーラーベア－２をいかに冷却するか

ところで、クワイアットとポーラーベアのセンサーは、数が違うだけではない。前述したとおり、クワイアットのセンサーはＨＥＭＴというトランジスタで、ポーラーベアは超伝導センサー。ＨＥＭＴは市販品として出回っているが、超伝導センサーは市販品など存在しない。一般の人にはまったく馴染みのない世界のツールだ。

とはいえ、ＨＥＭＴも市販品そのままの状態ではＣＭＢ観測には使えない。冷却して低温にしないと、ノイズが大きすぎて使いものにならないのだ。もちろん、ふつうの用途なら常温でも問題ないが、僕たちの実験では常識外れのアホみたいな精度が求められる。温度が高いほどノイズが多くなるので、クワイアットではそれを約二〇ケルビン（約マイナス二五〇度）まで冷却していた。

しかしポーラーベアのセンサーは超伝導なので、もっと冷やさなければいけない。金属などの温度が絶対零度に近づくと電気抵抗がゼロになるのが、超伝導という現象だ。そのためポーラーベアでは、センサーを絶対零度に近い〇・三ケルビンまで冷やしている。

それを実現するにはさまざまな苦労があったのだが、実は次のプロジェクトとして予定されている「ポーラーベア－２」では、僕たちＫＥＫのメンバーが、この低温環境を実現しなければいけない。すでに〇・三ケルビンで観測をしているのだから、問題ないと思うだろう。しかし、一号機のポーラーベアと「２」では、センサーの数が違う。一号機は一二七四個だが、「２」はそれが七五八八個まで増えるのだ。およそ六倍である。

センサーの数が増えれば、それを敷き詰めるスペースも大きくなる。センサー一個あたりのサイズはやや小さくなるし、「2」は一五〇ギガヘルツと九五ギガヘルツを同時に受けるため「二階建て」のような構造になるので、面積が単純に六倍になるわけではない。しかしそれでも、一号機の三倍程度にはなってしまう。

それを絶対零度に近いところまで冷却するのは、容易ではない。冷却したい部分を容器の内部に閉じ込められるならいくらでも方法があるが、センサーは宇宙から来るマイクロ波を受け止めるのだから、少なくともマイクロ波に対しては開かれていないといけない。しかし、センサーを温めてしまう赤外線などは進入禁止だ。

いろいろ検討した結果、これは一号機の技術を延長しただけではクリアできないことがわかった。たとえば一号機でも、赤外線を吸収してマイクロ波だけを通すフィルターは使っている。しかし、これは赤外線を吸収することでフィルターそのものが温まり、自分自身が熱源になってしまう。「2」では、その熱を逃がす部分の効率を一号機よりも上げなければいけない。

そのためには、熱伝導率が高くて、しかもマイクロ波を通す素材が必要だ。そこで僕たちはアルミナという素材に目をつけたのだが、それだけではまだ問題があった。そこに、マイクロ波の反射を抑える防止膜をつけなければいけない。それも、九五ギガヘルツと一五〇ギガヘルツの両方の周波数を通す反射防止膜だ。

そこで、それを可能にするような多層コーティングを考えるわけだが、この部品は四ケルビンまで冷却することになるので、そうなると性質が常温とは若干変わってしまう。その変化を調べるだけでも大変だ。また、物質は冷やすと縮むので、サイズの変化も考慮しなければいけない。そうしないと、極低温に冷やした途端に割れてしまったりするのである。

大学院生の発明が未来を拓《ひら》く

僕たちが取り組んでいるのは、こういう超マニアックなエンジニアリングの世界だ。こうして説明していても、前章までの宇宙論と同じ本とは思えない中身になっていることに苦笑いしてしまう。あえてこの分野に名前をつけるなら、「マイクロ波工学低温メカトロニクス」とでもなるだろうか。今はポーラーベアー2以外に使い道が思いつかないけれど、もしかしたら一〇年後には僕らの開発品が産業界で大いに役立つかもしれない。

ともあれ、新しい実験装置の設計は「あちらを立てればこちらが立たず」の連続だ。たとえばメカニカルな構造を優先して、絶対に壊れない頑丈な装置を作るだけなら、そんなに難しいことではない。いろいろな部品を、ガチガチにつなぎ合わせればいい。

しかしこの装置には、温度が四ケルビンのところもあれば、五〇ケルビンや三〇〇ケルビンの部分もある。ガチガチにつないでしまったら、それが熱伝導によって同じ温度になり、使いものにならない。とはいえ、それぞれの温度を保つためにフワッとしたつなぎ方にすれば、重いものをメカ的に保持できなくなる。熱的な接触を断ちながらも、望遠鏡を載せて左右に振っても問題がない強度を保つ工夫が求められるわけだ。

でも、こういう困難なテーマに直面すると、口では「うわー」とか言いながらも、ついニタニタと頬がほころんでしまうのが実験屋の習性でもある。そういう問題が生じるのは、これがまだ誰もやったことのない実験である証拠だろう。それをやるために、「ふつうは無理」としか言いようのない課題を実現するのが、この仕事の醍醐味だ。

このマゾ的な(?)仕事を推進しているのは、KEKの長谷川雅也さん、都丸隆行さんを中心とした精鋭たちだ。それぞれの強みを活かして仕事を分担している。

とくに若い研究者にとって、このようなプロジェクトは大きなチャンスだろう。事実、ポーラーベアー２の設計では、若いメンバーが次々と新しいアイデアを出している。たとえばマイクロ波の反射を防ぐ方法については、まだ大学院生のメンバーがすばらしいアイデアを思いついてくれた。

マイクロ波の反射を防ぐには、四ケルビンに冷却した装置の内側を何か「黒いもの」で覆わなければいけない。ポーラーベアの一号機では昔からあるものを使用していたが、その大学院生はそれよりもはるかに性能のいい「ものすごく黒いもの」を発明した。特許出願中なので詳しくは書けないが、今のところ僕たちはそれを「ＫＥＫブラック」と呼んでいる。

ちなみにその大学院生のお祖父さんは、今は引退されているが、お豆腐屋さんだったそうだ。白いものを作る人の孫が黒いものを発明したわけだが、ＫＥＫブラックは一種の「新商品」である。彼のお祖父さんも新商品のアイデアを出すのが好きで、いろいろと試していたとのこと。血は争えないものだ。

その「ものすごく黒いもの」が何の役に立つのか、彼がお祖父さんにわかってもらうのは簡単ではないかもしれない。「宇宙のはじまりに何が起きたのかを調べるのに必要なんだ」と説明しても、ポカンとされてしまうことだろう。

でも、本当にそうなのだ。人知れず生み出されているＫＥＫブラックのような小さな発明を積み重ねた先に、大きな発見がある。まだ博士号も取得していない若者でも、一三八億年前の謎を解明し、「宇宙のルールブック」に近づく上で重要な役割を果たせるのが、この仕事の持つ意義のひとつだ。そういう場を作ることができただけでも、ＫＥＫの「バカ者」としてこのプロジェクトに飛び込んだ甲斐《かい》があると僕は思っている。

第七章　戦国時代のＢモード観測

――ライバルとの競争、そしてライトバード衛星へ

一攫《いっかく》千金を狙う山師が集まるＣＭＢ観測実験

インフレーション理論は、一九八〇年代の初頭に佐藤勝彦さんやアラン・グースによって提唱された仮説だ。しかし、理論の構築がそこで済んだわけではない。インフレーションが本当に起きたかどうか検証される前に、すでに「どのようなインフレーションが起きたか」に関する理論が次々と発表されている。今やそのバリエーションは、軽く一〇〇種類を超えているだろう。

だが、前にも言ったとおり、正しい理論は（その中にあったとしても）たったひとつしか

ない。観測実験によってインフレーション自体が否定されれば当然「全滅」だし、インフレーションが実証されたとしても、完全な「正解」がまだ提唱されていない可能性もある。だから今でも、多くの理論家がインフレーションの新しいモデルを考え続けているだろう。真実に到達するには、そういう厳しい競争が必要だ。

僕たち実験家にも、同じことが言える。原始重力波によるCMB（宇宙背景放射）のBモード偏光を検出しようとしているのは、僕たちポーラーベアグループだけではない。BICEP2やSPTをはじめ、三〇前後の実験グループが手を替え品を替え、それぞれのやり方で発見を目指している。誤解を恐れずに言うなら、今のCMB観測業界は、一攫千金を狙う山師の集まりみたいなものだ。

物理学の実験が、すべてこのような競争状態になるわけではない。たとえば僕が育った素粒子の加速器実験は、国際競争よりも国際協調が主流になっている。巨大な加速器は、どこの国でも簡単に作れるわけではないからだ。

とくに新粒子の発見は、以前はアメリカとヨーロッパのあいだで熾烈《しれつ》な先陣争いがくり広げられていたが、二〇一二年に発見されたヒッグス粒子はCERNの独擅場《どくせんじょう》だった。C

ERNのLHCは、全周二七キロメートルにも及ぶ巨大な円形加速器だ。以前、アメリカがそれを上回る規模の加速器実験を計画していたが、予算がかかりすぎるので頓挫してしまった。それ以来、新粒子の発見を目指す最先端の巨大加速器は基本的に「世界にひとつ」になり、国際協力によってそれを建設・運用していこうという流れになっている。

それに対してCMB観測は、加速器実験と比べるとはるかに格安だ。もちろん貴重な公金を使うのだから無駄にはできないが、LHCのような巨大加速器を建設する費用で、ポーラーベアは一〇〇〇台ぐらい買えるかもしれない。それぐらいの投資で、ヒッグス粒子の発見と肩を並べるぐらい（ある意味ではそれ以上にインパクトのある）発見を狙えるのだから、三〇ものプロジェクトが殺到するのも当然だろう。

もちろん、その中にまったく同じ実験はひとつもないから、決して無駄にはならない。前章でも述べたように、複数の目的を持つ欲張りなグループもあれば、BICEP2のように原始重力波に絞ったグループもある。その原始重力波の観測方法も、狙う周波数などは同じではない。

また、実験にはさまざまな測定誤差がつきものだが、それをどのように小さくするかもグループの考え方によって変わってくる。広い空をスキャンするために望遠鏡を動かす角度やスピードの選び方によっても、誤差の生じ方は違うのだ。

だからどのグループも、現場で試行錯誤を重ねながら実験を進めている。その場のアイデアで、装置のセッティングやデータの採り方などを変更することも珍しくない。どこも実動部隊がせいぜい数十人の小所帯だから、そういうことができる。それも、この実験の面白いところだ。音楽にたとえると、何千人もの研究者が関わるＬＨＣのような加速器実験がオーケストラだとすれば、ＣＭＢ観測は即興でいろいろなことができるジャズバンドのようなものかもしれない。

重力レンズ起源のBモード偏光を世界初観測

その熾烈な競争の中で、僕たちのポーラーベアは二〇一二年に観測を開始した。当面の目標は、原始重力波ではなく、重力レンズ効果によるＢモード偏光の検出だ。

原始重力波のほうは、その大きさがＷＭＡＰなどの観測によって予想されていた。バカでかい原始重力波の信号は期待できませんよ、ということだ。原始重力波の強度を表す記号は、「r」で、当時の予想値は「r＜0.13」というもの。その大きさだと、もう少し観測装置の感度を上げないと原始重力波起源のBモード偏光の発見には時間がかかる。一方、重力レンズのほうは、初年度のデータで、確かなことが言えそうだった。その他、実にいろいろな観点から議論をした結果、まずは重力レンズ起源のBモード偏光を観測することでステップアップを図るというのが、僕たちの戦略となった。

Bモード偏光は銀河系内にわずかに漂う塵《ちり》によっても生じる。観測する領域はそのような、背景放射の邪魔になる「塵＝前景放射」をできるかぎり避けて選ばなければいけない。僕たちは三つの領域を設定し、その観測に時間を集中して使った。二〇一二年六月から二〇一三年六月までの観測時間は、およそ二四〇〇時間に及んでいる。

その一年間で得たデータの解析結果は、満足のいくものだった。ポーラーベアは世界で初めて、九九・九九九％以上の確率で、CMB偏光のデータのみを使って重力レンズ効果を観測することに成功したのだ。まだそれによってニュートリノの総質量を決められるようなレベルではないが、Bモード偏光をこれだけの高い精度で測定できるようになったことには大きな意義がある。これを足がかりにすれば、いずれはニュートリノの総質量を決めることができるだろう。原始重力波起源のＢモード偏光が宇宙の「生まれ」に関わるものだとすれば、こちらのＢモード偏光は宇宙の「育ち」に関する情報を持っている。銀河や銀河団などの大規模構造がどのように育ってきたのかを知る上で、宇宙に存在するニュートリノの総質量が重要な手がかりになるのだ。

さらに、種類は違うとはいえ、ＣＭＢのＢモード偏光が観測できるようになったことは、実験の「本丸」である原始重力波起源のＢモード偏光の観測にもつながる。いずれにしても、きわめて大きな前進だ。ポーラーベアは、上々の滑り出しをしたように思えた。

その観測結果に関する最初の論文二篇を発表したのは、二〇一三年一二月のことだ。その後、二〇一四年三月初旬には、さらに長篇の論文を発表した。

正直、嬉しかった。二〇〇七年にＣＭＢ観測に乗り出すことを決めてから、七年の歳月が流れている。その間にもクワイアット実験で良い業績は挙げていたが、この「世界初」のインパクトはかなり大きい。その段階で、ＣＭＢのＢモード偏光をここまでの精度で見ているのは自分たちだけだ。それまでの努力や苦労が報われたこともあって、「どうよ」と胸を張りたい気分だった。

BICEP2の「発見」がもたらした衝撃

ところが――。

僕たちの最新の論文が発表されてから数日後に、研究者仲間から不穏な噂《うわさ》がメールで流れてきた。南極のBICEP2が、原始重力波起源のBモード偏光を発見したというのだ。

ヨーロッパ在住の日本人研究者からのメールの一例。

2014年3月14日　8：32

BICEP2がr＝0.2を発見して（0.02ではなくて!）、来週 Nature に発表して記者会見するとかいう恐ろしいウワサが飛び交っていて、週末は悶絶《もんぜつ》しそうです!!

正直、まさかと思った。しかし、時を同じくして、BICEP2プログラムに参加しているハーバード・スミソニアン天体物理学センターが、インターネット上で告知をした。

March 17th Press Conference on Major Discovery at Harvard-Smithsonian Center for Astrophysics（3月17日にセンターにて大発見に関する記者会見を開催）

そのときの気分をどう表現したらいいのか、よくわからない。わざわざ大発見と予告した記者会見など僕らの分野では前代未聞だ。彼らが原始重力波に狙いを絞っていることは知っている。こんな予告をする以上、「何も見えませんでした」ということはあり得なかった。「嘘だろ？」と思いたい気持ちもあった。これが本当なら、ちょっと前に胸を張った自分たちの仕事が、一気に色褪《あ》せてしまう。

噂は本当だった。二〇一四年三月一七日、ＢＩＣＥＰ２は「原始重力波起源のＢモード偏光を発見した」と発表したのである。図12がＢＩＣＥＰ２が発表したＢモードの観測結果だ。たしかに渦巻きが見える。「兆候がある」でも「可能性が高い」でもない。彼らは「発見」という言葉を使った。これは学問の世界では大きな重みがある。自分たちのデータ解析に相当な自信がないと使えない言葉だ。

学問は、研究者個人の達成感のためにやるわけではない。誰が発見しようと、この宇宙

図12 BICEP2が発表したBモードの観測結果

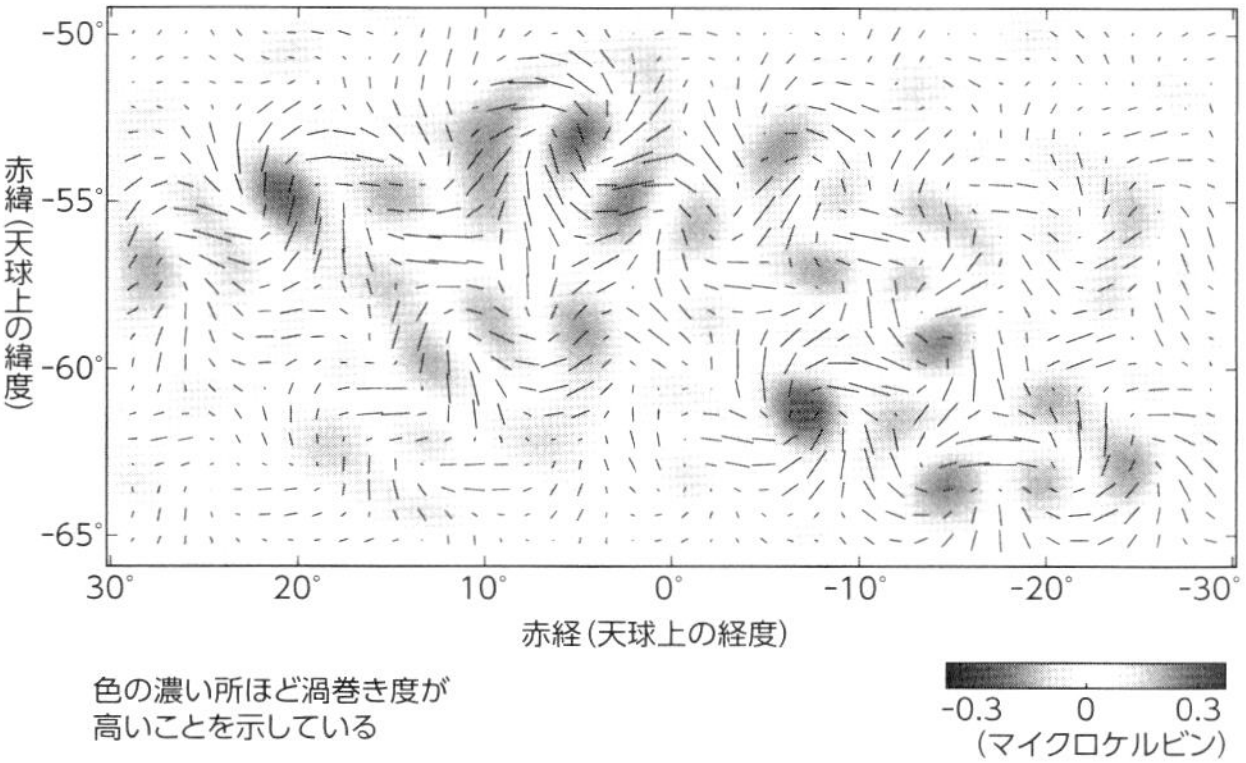

色の濃い所ほど渦巻き度が
高いことを示している

の真実が解明されるのは人類にとってすばらしいことだ。そういうふうに考えなければいけないのは、わかっている。

しかし、建前は建前、本音は本音だ。明確な目標を持って仕事をしているのだから、ライバルに先を越されれば悔しいと思うのが人情である。

とはいえ、僕はリーダーとしてグループのメンバーを励まさなければいけない立場だった。たとえＢＩＣＥＰ２が世界で初めて原始重力波のＢモード偏光を発見したとしても、自分たちにはまだやるべきことがある。こういう現象は、最初の発見だけで話が済むわけではない。ほかの実験グループがそれを検証し、みんなで精度を高めていく必要がある。だから、僕が「もうおしまいだ」などと弱音を吐くわけにはいかなかった。

とはいえ、サッカーでいえば後半のアディショナルタイムに勝ち越しゴールを決められたような気分である。この試合は、もう諦《あきら》めざるを得ない。ワールドカップで負けたチームの選手が「これでサッカーが終わるわけではない」などとコメントするのと同様、数日後には、「これで学問が終わるわけではない」という気持ちになった。いや、無理やり気持ちをポジティブに切り替えたと言ったほうがいいだろう。

でも、やはり無理をしていることは伝わってしまうようだ。若い研究員に、「俺たちの仕事はまだこれからだよ」と言葉をかけたら、こんなことを言われてしまった。

「羽澄さん、それ、映画だと、その後ですぐ死んじゃう人が口にする台詞ですよ」

……たしかに。いわゆる「死亡フラグ」の立っている人の台詞だ……。

ともあれ、そんな自虐的な冗談でも言わないとやっていられないぐらい、BICEP2の発表は僕たちに強いショックを与えたのだった。

三ヶ月後にはトーンダウンしたBICEP2の論文

ただし、マスメディアが「インフレーションの証拠を発見！」と盛り上がる一方で、専門家のあいだでは当初から慎重な見方が少なくなかった。

まず、BICEP2の観測結果によると、インフレーションの大きさを意味する「r」の値が、従来の予想値よりもかなり大きい。発表時にはプランク衛星によるrの予想も出ていて、上限値は〇・一一だった。それに対して、BICEP2が出したrの値は〇・二だ。

Bモード偏光が発見されたこと以上に、この予想を超えた数値の大きさに衝撃を受けた専門家は多かった。この数値が正しいとすると、一〇〇種類以上のバリエーションがあるインフレーション理論の大半が「×」をつけられたことになる。観測された数値がすべての世界とはいえ、理論家が「本当なのか？」と疑いたくなるのも当然だろう。

また、僕たちが観測した重力レンズ起源のBモード偏光と比べると、原始重力波起源のBモード偏光は前景放射による塵の影響を排除するのが難しい。それをどこまで排除できているのかが、大きな問題だった。BICEP2は、ひとつの周波数でしか観測を行っていない。これは、塵の影響を自分たちで知るのが難しいことを意味している。複数の周波数で観測し、そのデータを比較したほうが、塵の影響を明らかにしやすいのだ。

もちろん僕自身も、その点には重大な関心を持っていた。さらに、ポーラーベアと違い、ＢＩＣＥＰ２グループは、ブラインド解析を行っていない。そのため、データ解析が甘くなる傾向がある。

そういう事情を考えると、ＢＩＣＥＰ２の発表が「勇み足」である可能性は決して小さくない。しかし一方で、自信を持って大々的に「発見」と発表したからには、彼らもしっかりしたデータ解析を行ったに違いない……という気持ちもあった。

このような状況の中、僕は発表当日から、たくさんのマスメディアにコメントを求められた。僕は一貫して「他のＣＭＢプロジェクトやＢＩＣＥＰ２グループ自身による追試が必要だが、きわめて興味深い結果だ」と答えた。発表直後に電話をかけてきたとある新聞社の記者さんから、夜中に届いたメール：

２０１４年３月18日　２：19

羽澄先生、本日は夜遅くまでありがとうございました。率直なご意見をお聞きできたことで、必要以上に浮き立つことなくニュースを受け止められたと思っています。（以下略）

「発見」の発表から三ヶ月後には、早くも雲行きが変わりはじめた。六月にＢＩＣＥＰ２の正式な論文が「フィジカル・レビュー・レター」誌に掲載されたのだが、そこには、発表直後に公開されたプレプリント（前刷り）にはなかった一文が書き加えられていた。次のような趣旨だ。

「この観測結果が原始重力波によるＢモード偏光だと主張するには、それが前景放射ではないことを明らかにする必要があるが、人類が現在持っているデータからは、塵の影響ではないと結論づけることはできない」

要するに、塵の影響によるＢモード偏光である可能性があるということだ。この時点で、かなりトーンダウンした内容になっていたのである。

プランク衛星による検証

実はこの論文が掲載される前の五月の時点で、別の研究機関が宇宙の塵に関する論文を発表していた。欧州宇宙機関（ＥＳＡ）のプランク衛星だ。

プランク衛星もＣＭＢ観測が最大の目的なので、当然、Ｂモード偏光にも強い関心を持っている。ただし、この実験は、装置のデザインが決まるのが早かった。打ち上げられたのは二〇〇九年だが、測定器の基本設計を決めたのは一九九六年頃だ。

設計の段階では、まだ原始重力波によるＢモード偏光の存在を予想する論文が発表されていなかったのだ。したがって、プランク衛星はＢモード偏光の観測に特化したデザインになっていない。プランク衛星がいちばん得意なのは、ＣＭＢの温度を精密に測定することであって、偏光の測定は二の次なのだ。

もし数年早くその論文が発表されていたら、当然、ＣＭＢの偏光を精密に測定する準備をしていただろう。そうなっていたら、このテーマはプランク衛星の「ひとり勝ち」になっていたと思う。ＢＩＣＥＰ２もポーラーベアも、最初から計画さえされなかったかもしれない。プランク衛星の関係者にとっては、不運なタイミングだった。逆に言えば、そういう理論の展開に迅速に対応できるのが、小さな実験プロジェクトの強みだ。

しかし、Ｂモード偏光の観測は二の次の装備とはいえ、プランク衛星はまったく空気のない宇宙空間で観測を行う。装置の性能が低くても、それだけで感度は地上からの観測より桁違いに上がるので、ＢＩＣＥＰ２やポーラーベアのような実験とまったく勝負にならないわけではない。つまりプランク衛星も、ある意味で僕らのライバルなのだ。

そのプランク衛星チームが五月に発表した論文によると、塵の影響による偏光が従来の想定よりも大きかった。それを示しているのが、次の画像（図13）だ。ここでプランク衛星が見ているのはＣＭＢではなく、銀河系内に浮かぶ塵の影響による偏光の強度である。塵がなぜこのように大きな偏光を持つかはまだよくわかっていない。なにしろほぼ全天に近いスケールで偏光度をこの精度で観測したのは、これが初めてのことだ。黒っぽい部分ほど偏光の度合いが強く、そういう領域ほど、ＣＭＢ観測に与える影響も強い。

ただし、図14の画像を見ればわかるように、この段階では、ＢＩＣＥＰ２が観測した領域まで解析が進んでいなかった。ＢＩＣＥＰ２は全天の約一％を観測したのだが、その部

図13 プランク衛星による宇宙の塵の影響観測

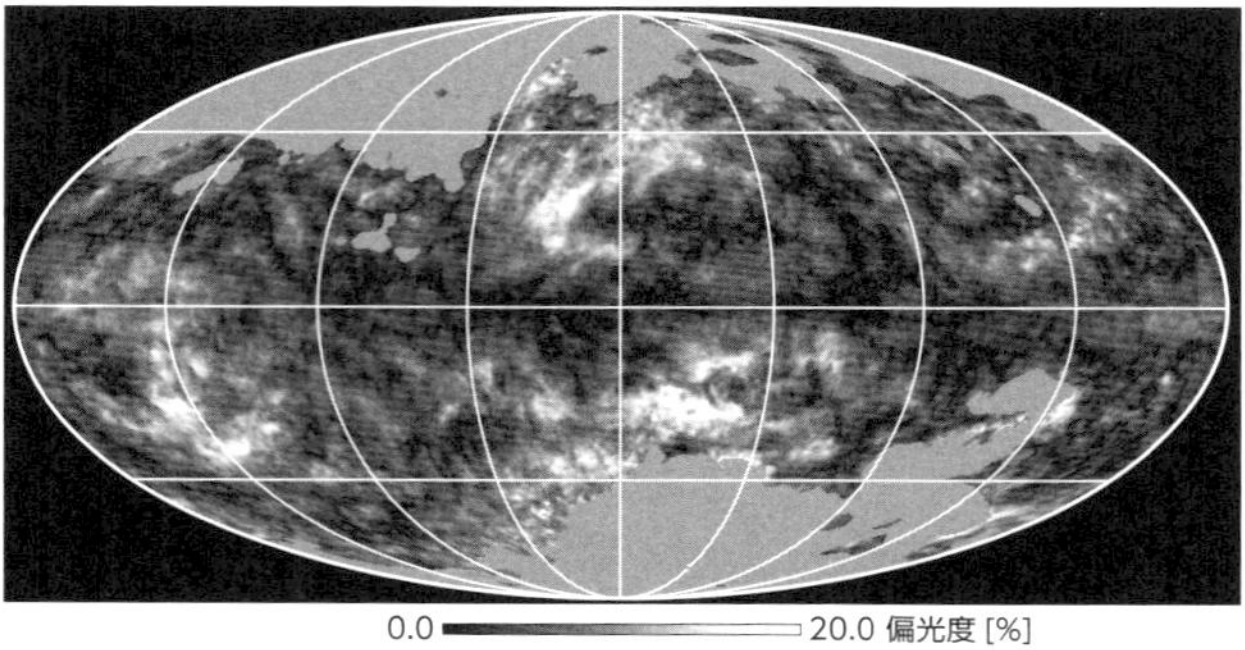

銀河に浮かぶ塵が観測に影響を与えている可能性を指摘

図14 BICEP2とプランク衛星の観測範囲比較

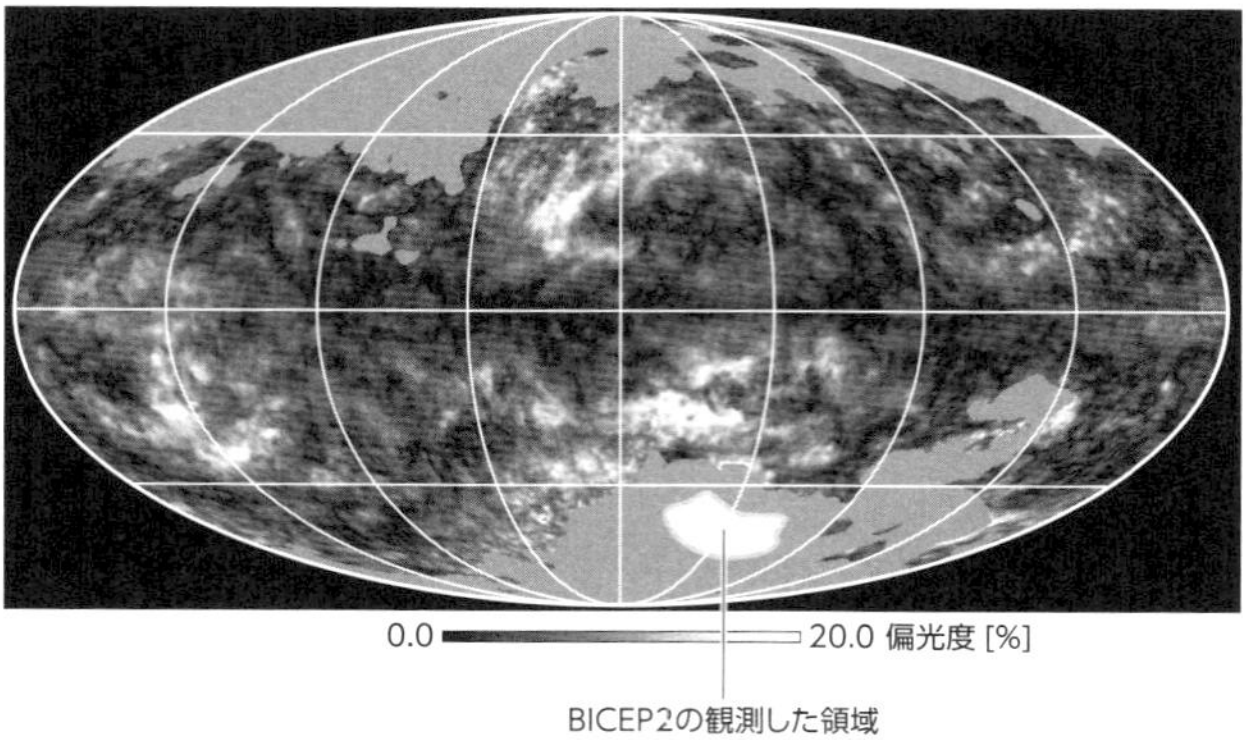

この段階では、BICEP2の観測した領域の解析はされていなかった

分がプランクの観測結果では白紙になっている。

だが、ＢＩＣＥＰ２の関係者にしてみれば、発表からわずか三ヶ月で外堀を埋められたような感じだっただろう。そのため、六月の論文では「塵の影響を否定できない」とトーンダウンせざるを得なかったのだと思う。

塵の影響による偏光である可能性が否定できない

そして、さらに三ヶ月後の九月。新たなプランク衛星の観測結果が発表された。ＢＩＣＥＰ２が観測した領域を調べたところ、そこで彼らが「発見」したと発表したＢモード偏光は、塵の影響で説明ができてしまう。それが、プランク衛星の結論だ。したがって、それを原始重力波起源のＢモード偏光だと結論づけることはできない。

ちなみにプランク衛星が観測した周波数は、約三五〇ギガヘルツだった。これは、銀河の塵による偏光がよく見える周波数帯だ。その強度は、一五〇ギガヘルツに近づくにつれて落ちていく。その一五〇ギガヘルツのあたりはＣＭＢがいちばんよく見える周波数帯で、ＢＩＣＥＰ２が見たのもそこだった。

その意味で、プランク衛星はＢＩＣＥＰ２とまったく同じものを見たわけではない。塵のよく見える周波数でその影響を精密に観測し、それが一五〇ギガヘルツの周波数ではどうなるかを計算したわけだ。

そういう間接的な検証ではあるけれど、もちろん、プランク衛星のチームはそれによる不定性や誤差も勘案した上で解析をしている。それによって「塵の影響でも同じものが見える」となった以上、ＢＩＣＥＰ２が「原始重力波の証拠を発見した」と証明することはできない。そのＢモード偏光が塵によるものなのか原始重力波によるものなのか、わからないのである。ＢＩＣＥＰ２チームは、「発見」を撤回せざるを得なかった。

こうして、二〇一四年三月にはじまった原始重力波発見騒動は、とりあえず終息した。ＢＩＣＥＰ２が「インフレーションの証拠」を発見したとはいえない。ではプランク衛星が何か発見したかといえば、それもなかった。プランク衛星が一五〇ギガヘルツの周波数でどんな結果を出すかも注目されていたが、そこはやはり専用の装備のない悲しさで、感度が足りていなかったようだ。同年一二月にあったプランク衛星の新しい観測結果を発表する国際会議に、それに関する発表はなかった。

では、CMB観測によるBモード偏光探査は、これで振り出しに戻ったのだろうか。BICEP2の観測には、何の意味もなかったのか。

決してそんなことはない。その起源は銀河系内の塵だったとしても、Bモード偏光をあそこまではっきりと見たのはBICEP2が最初だ。その点は、ライバルである僕たちも素直に評価している。ポーラーベアのほうが先に重力レンズ起源のBモード偏光を見たのは確かだが、本丸の原始重力波起源のBモード偏光について、BICEP2が一歩先を行っているのは事実である。

いずれにしろ、この両グループがBモード偏光を確認できるレベルまで観測の感度を上げたという意味で、二〇一四年はこの分野にとって大きな飛躍の年になったと言えるだろう。

いよいよ戦国時代を迎えるBモード偏光観測

BICEP2は、いわば、まだ誰も入ったことのない部屋に入ることに成功したようなものである。さらに、そこに一升瓶があり、液体がなみなみと詰まっていることも確認した。ただし、それが酒なのか水なのかはわからない。突如として飲兵衛《のんべえ》のたとえになって恐縮ながら、現状はそんな感じだ。

したがって今後は、酒か水かを見分けるための工夫が求められる。そのためにいちばん有効なのは、やはり複数の周波数で観測することだろう。

先述したとおり、塵の影響によるBモード偏光は、高い周波数ほど強い。したがって、たくさんの周波数で観測して、高い周波数から低いほうにかけて塵の信号がだんだんと小さくなっていく様子がわかれば、その影響を差し引くことができる。もやのかかった山の写真から、画像処理によって晴れた日の風景を作るようなものだ。白っぽいもやと青葉の山では色（周波数の分布）が違う。それを利用してもや（前景）を差し引き、山（背景）の姿を見るのだ。

そうやって複数の周波数で見ることが大事だからこそ、僕は当初からクワイアットとポーラーベアの両方に参加した。残念ながらクワイアットは「2」に進むことなく終わってしまったが、ポーラーベアのほうは「2」がもうじき完成し、こんどは一五〇ギガヘルツと九五ギガヘルツのふたつの周波数で観測する。塵の影響を慎重に見極めながら、原始重力波起源のＢモード偏光という「本丸」に迫りたい。

もちろんライバルたちも、二〇一四年のポーラーベア、ＢＩＣＥＰ2、プランク衛星の成果を踏まえた上で、次々と新たなアイデアを出してくるだろう。ＢＩＣＥＰグループも、「2」から「3」へ移行し、観測の感度を上げてくるはずだ。南極では観測できる空の範囲が狭いので、いずれ彼らもアタカマに来るかもしれない。南極のＳＰＴもかなり高い感度で偏光を観測する「ＳＰＴポル」を実施している。ポルは偏光を意味する英語のポラリゼーション（polarization）に由来する。それを進化させた「ＳＰＴ3Ｇ」も計画中だ。

チリのアタカマ高地では、僕たちの隣に、第一章でも紹介したプリンストン大学を中心とする「ＡＣＴ」がある。こちらも、現行マシン「ＡＣＴポル」の進化形である「アドバンスドＡＣＴポル」の計画が進行中。どこのグループも、まるでポケモンのようにマシンを進化させているわけだ。

それ以外には、気球を使う観測実験もいくつかある。高度三〇キロメートルにもなると大気の影響がほとんどなくなるので、感度が地上の九倍ぐらいまで上がるのだ。つまり、地上で九ヶ月かかる実験が一ヶ月でやれる。ただし地上の実験と違い、一度に二週間程度しか飛ばせないので、一長一短だ。すでに南極では、アメリカの「イーベックス」や「スパイダー」という観測気球が飛んでいる。

この戦国時代のように激しい競争の中で、僕たちも、ポーラーベアー2の投入だけを考えているわけではない。その先に、もっと強力な観測を行うための準備を進めている。「サイモンズ・アレイ」と名づけたプロジェクトで、これはポーラーベアー2の受信機を合計三台作り、同時に使用する。これが実現すれば、原始重力波はもちろん、重力レンズ起源のBモード偏光もさらに精密な観測が可能になるだろう。

プランク衛星の一〇〇倍の感度で観測する「ライトバード衛星」計画

さらに、その先の実験計画もすでに準備している。今後五年程度は、チリや南極での実験が最先端のCMB観測でいられるだろう。それ以降は、人工衛星を使った宇宙空間での実験によって、もっと高い精度での観測をやるべきだ。

僕自身、究極のBモード偏光観測を目指して、全天を三年間ずっと見続けるための人工衛星を飛ばすことを提案している。二〇二〇年代の打ち上げを目指して計画している実験だ。"Lite (Light) satellite for the studies of B-mode polarization and Inflation from cosmic background Radiation Detection" という長い英語名を略して「ライトバード (LiteBIRD)」と呼んでいる。

この計画は、二〇一四年八月に、文部科学省が策定する学術研究の大型プロジェクト推進に関する基本構想「ロードマップ二〇一四」のひとつにも選ばれた。ライトバードは日本が中心となって、JAXAのロケットで打ち上げる提案だ。しかし、ポーラーベアと同様、国際協力を行う。その第一歩として、今年(二〇一五年)にはJAXAとNASAの双方で第一段階の審査をパスし、実現を目指した国際的な検討がはじまった。日本側は、東京大学のカブリIPMU(カブリ数物連携宇宙研究機構)とJAXA宇宙科学研究所を中心に、KEK、国立天文台などの研究者が連携して実現を目指している。ここでもやはり重要なのは、JAXAの松村知岳さんなど、優秀な若手研究者の活躍だ。松村さんは、KEKでCMBプロジェクトが始まるよりずっと前にアメリカの大学院に単身飛び込んだ人で、それ以来CMB実験一筋という真のパイオニアだ。

もちろん、このような人工衛星を計画しているのは日本だけではない。かかる費用が大きいので、地上での実験のような数にはならないが、やはり競争にはなるだろう。ヨーロッパやアメリカでも、同様の計画が提案されている。ただし、予定どおりに進めば、日本のライトバードが先陣を切って打ち上げられることになるはずだ。僕たちがクワイアットやポーラーベアに後から参加したのとは、ずいぶん違う。

人工衛星といえば、すでにプランク衛星がCMB観測を行っているが、Bモード偏光に関しては感度が低い。しかしライトバードは、プランク衛星の一〇〇倍の感度でBモード偏光の観測ができるだろう。観測周波数も六つ以上にして、前景放射をきれいに除去する。

しかも、そんなに新しい技術開発は必要ない。基本的には、できるかぎり既存の技術を使うつもりだ。ライトバードは三つの周波数を同時に見るタイプのセンサーを搭載する予定だが、これはふたつの周波数を同時に見るポーラーベア-2を使い込むことが、よい予行演習だ。マイクロ波の反射防止膜も、ポーラーベア-2よりも難度が上がるが、ゼロから新たに開発するわけではない。すでにある技術を発展させることで実現できると考えている。

これが新しい「観測所」を作るプロジェクトであれば、できるかぎり感度を上げるために新しい技術の投入が求められるかもしれない。たとえば天文台の望遠鏡もそうだが、観測所はさまざまな目的を持つ研究者が使うので、性能が高ければ高いほど良いのだ。

しかしライトバードは「観測所」ではなく、明確な目的を持つ「実験装置」である。もちろん感度は高いほうがよいが、それは目的ではなく手段だ。目的を達成できる性能があればオーケーなので、投入する技術はできるだけ簡単なほうがいい。

もちろん、副産物として、本来の目的とは別の多彩な天文学的な観測が可能になることは間違いない。しかし、最初からそちらも目標に入れてしまうと、まったく違う設計になってしまう。中途半端なものにもなりかねない。あくまでも「基礎物理学の実験装置」というコンセプトで設計したいと考えている。

ヒッグス粒子とよく似た性質の「インフラトン」

ところで、「打ち上げまでに原始重力波起源のBモード偏光が発見されたら、ライトバードの計画はどうなるんだ?」と心配する人もいるかもしれない。すでに実施している実験で発見されると、打ち上げの目的がなくなるような気もするだろう。

しかし、地上の実験がこれからどのような結果を出しても、ライトバードの必要性は変わらない。地上でBモード偏光が発見されなければ、当然、より感度の高い装置での観測が必要になる。また、地上の実験でBモード偏光が発見されたら、それはもっと大きな謎を解く旅のはじまりになる。それによってインフレーションが起きたことは証明されても、「どのインフレーション理論が正しいのか」という問題は残るからだ。それを突き止めるには、宇宙空間での精密な観測が欠かせない。

僕たちの目的は、あくまでも「宇宙のルールブック」に可能なかぎり近づくことだ。「インフレーションが本当に起きた」というだけでは、宇宙の根源には迫れない。原始重力波の発見が歴史的なブレイクスルーになることは間違いないが、それはひとつの突破口にすぎないのだ。インフレーションの規模や時間などの詳細を知る必要がある。

さらに、インフレーションの詳細が解明されたとしても、宇宙論がそこで終わることはない。そこから先は、もともと僕の専門分野だった素粒子物理学と宇宙論の関係がますます深まるだろう。

第五章でも少し述べたが、インフレーションにはインフラトンという未知の素粒子が関与しているという仮説がある。理論的な予想によると、これは「スピン」がゼロの特殊な粒子だ。素粒子は回転の大きさを表すスピンという物理量を持ち、その大きさはゼロではない。

しかし、ひとつだけ例外はある。それが、二〇一二年に素粒子の標準模型の「最後のピース」として発見されたヒッグス粒子だ。

宇宙初期のインフレーションを起こしたと考えられるインフラトンと、ほかの素粒子に質量を与えるヒッグス粒子が同じ性質を持っているとしたら、実に興味深い。この両者にはほかにもよく似たところがあるため、実は同じものではないかという仮説を唱える理論家もいるぐらいだ。

一般相対性理論と量子論の統一への道筋

また、ヒッグス粒子とインフラトンに似た粒子が、もうひとつある。日本人として初のノーベル賞を受賞した湯川秀樹博士がその存在を予言した、中間子だ。

中間子は、原子核の中で陽子や中性子を結びつける役割を担う存在として予言された。

その後の研究で、陽子も中性子も中間子も素粒子（基本粒子）ではなく、いずれも複数のクォークからできていることがわかっている。

中間子はクォークとその反粒子である「反クォーク」でできている。ふたつの粒子のスピンの向きが逆のため、複合粒子である中間子のスピンは合計でゼロになる。そのため、スピンがゼロの粒子が起こす相互作用のことを、今でも世界的に「湯川相互作用（Yukawa interaction）」と呼ぶ。ヒッグス粒子の相互作用も、もちろん湯川相互作用だ。

つまり、スピンゼロの新しい素粒子、というコンセプトは、湯川博士の構想に端を発しているとも言えるのだ。佐藤勝彦さんが理論的に予言したインフレーションが、湯川秀樹博士の構想したタイプの粒子によって起きたなんて、これはやはり日本が主導するプロジェクトで確かめたくなるだろう。

そして、これはまさに、自然界で「いちばん大きなもの」を扱う宇宙論と、「いちばん小さなもの」を扱う素粒子物理学が融合するところだ。

ヒッグス粒子のほうは、今後も加速器実験で詳しい性質の解明が進むだろう。そのヒッグス粒子とインフラトンの関係を明らかにするには、宇宙の観測実験のほうでインフレーションの謎を追い求めなければならない。

また、これは同時に、ミクロの世界を記述する量子論と、マクロの世界の基本法則である一般相対性理論の統一に近づく道でもある。

これまでの物理学は、このふたつの法則を別々に使っていればよかった。実際、加速器実験の専門家として素粒子物理学にどっぷり浸かっていたときの僕は、一般相対論的な時間や空間（合わせて「時空」という）について考えたことがほとんどない。その分野では、物質を構成する素粒子と、「電磁気力」「強い力」「弱い力」を伝える素粒子の働きがわかれば実験結果のすべてが説明できる。時間と空間は、その素粒子たちが動く単なる舞台にすぎない。その世界を支配する法則は、量子論だ。

ところが一般相対性理論では、時空も物理的な実体だと考える。本書でも、蜘蛛の巣のたとえなどを使いながら、空間が空っぽの「無」ではないことに何度も言及した。ハガキ一枚に書けるシンプルな「宇宙のルールブック」に到達するには、その一般相対性理論（重力理論）と量子論を一本化させることが求められる。いわゆる「量子重力」の世界だ。

そして今は、これまで理論的なアプローチが先行していた量子重力に、ようやく実験で迫ることのできる時代になった。第五章で、原始重力波の存在が確認された場合、それは「空間の量子ゆらぎ」が初めて確認されたことになる――という話をしたのを覚えているだろうか。実はこれこそが、人類が初めて見る「量子重力」の効果にほかならない。それは、「ハガキ一枚」へ向かう突破口となり得る発見なのだ。

「宇宙のルールブック」探求は「終わり」を目指す希有《けう》な学問

もっとも、話がそう順調に進むとはかぎらない。インフレーションを含めて、理論的な予想が根底からひっくり返るような発見だって十分にあり得るだろう。それがあり得ないなら、実験などやる必要がない。自分の目で確かめるまではあらゆる仮説を疑い、それを覆すような発見を求めるのが実験家だ。

たとえば、BICEP2がインフレーションの「r＝0.2」という数値を発表したときには、あまりにも予想値より大きかったので、量子論自体を疑わなければいけないと考えた研究者もいた。結果的に、その数値は間違いだった可能性が高いけれど、完全に否定されたわけでもない。今後も、観測や実験によって、理論家を震え上がらせるような数値が見つかることは考えられる。

もちろん、これまで何百年もかけて先人たちが築いてきた物理学の基本法則は、そう簡単にゆらぐものではない。でも、僕はときどき、こんなことを考える。五〇〇年後、一〇〇〇年後の人類が過去を振り返ったとき、今の時代の物理法則はどんなふうに見えるだろうか——と。

もしかすると、それは現代人が中世を振り返るときのような気分かもしれない。未来人から見ると、相対論や量子論が、僕らにとっての天動説のように感じられるわけだ。

物体の動きは相対的なものだから、天動説で天体の動きを無理やり説明することもできなくはないが、やはり地動説のほうがシンプルだし、圧倒的に正しい。それと同じように、「もっとシンプルに考えればいいのに、相対論だの量子論だので説明するのは大変だっただろうな」などと思われているかもしれない。

ただし、仮説に仮説を重ねたような天動説と違って、現在の物理学の法則は、いずれも実験による厳しい検証に耐えてきたものだ。ニュートン力学も、相対論や量子論によって乗り越えられはしたが、根底から否定されたわけではない。限定的な範囲では、永遠に正しい理論として通用するだろう。それと同様、相対論や量子論も、より深い法則によって塗り替えられることがあっても、天動説のように葬り去られることはないはずだ。

そして、その「より深い法則」の底の底にあるものこそが、僕の求める「宇宙のルールブック」にほかならない。そこに到達するまでには、まだまだ時間がかかるだろう。ロシアのマトリョーシカのように、開けても開けても次の人形が出てくるのが、物理学の法則だ。

でも、マトリョーシカも決して永遠ではない。どこかに必ず終わりがある。「宇宙のルールブック」探求も、きっとそうだろう。ファンダメンタルな物理学は、いつか最終的な「ゴール」があるはずだとみんなが信じている特殊な学問だ。もっとも懐疑的な研究者でも、少なくとも作業仮説としては、「ゴール」の存在を認めていると思う。

こんな学問分野は、ほかにはないだろう。たとえば天文学や物性物理学は、自然界の「多様性」を追求する学問だから、そこに終わりはない。しかし僕たちは、自然界全体を支配する唯一の究極的な法則を求めている。その答えが見つかったら、閉幕だ。

僕はときどき、こんなことも考える。もしかしたら、この広い宇宙のどこかには、すでに究極の「ルールブック」を解明した知的生命体が存在するかもしれない——と。

今は観測技術の発達で、太陽系外にある惑星もたくさん見つかっている。地球外生命を研究するアストロバイオロジーという分野も盛んだ。いずれ、文明の進んだ地球外の知的生命体と出会う可能性だってあるかもしれない。

そのとき、向こうが「宇宙のルールブック」を書いた一枚のハガキを持っていたら、僕は悔しい。ＢＩＣＥＰ２に「してやられた」と思ったときの何百倍も悔しいだろう。だから、よその知的生命体に僕たち地球人がナメられないためにも、一日も早く自然界の根本法則を解き明かしたい。僕が生きているあいだに実現するとは思えないけれど、その目的意識と楽しさを次世代に受け渡していけば、いつか必ずそれはできるはずだ。それを信じて、今のうちに少しでも深いところまで、宇宙の法則を掘り下げたいと思う。

今、僕はチリの山の中で、最後の一節となるこの文章を書いている。アンデスの山並みは、荒涼としているが美しい。夜ともなれば、圧倒的な天の河と、華麗と形容したくなるような満天の星たちが僕を包み込んで一日の疲れを癒してくれる。このような大自然の中にいると、なぜだかわからないけど、自分が生きていることの不思議さを強く感じる。センス・オブ・ワンダーと言われる感覚だ。僕らが宇宙のはじまりの物理学に惹《ひ》かれて研究を続けているのも、それがセンス・オブ・ワンダーにつながっているからに違いない。まだ見ぬ「一枚のハガキ」に記された究極の物理法則は、どんなに美しいものだろうか。はるかに想いを馳《は》せつつ、僕らは今日も研究に立ち向かう。

あとがき

宇宙背景放射（本書ではＣＭＢと呼びました）の偏光が作る渦巻きパターン、Ｂモード。「ビッグバン以前」の痕跡。今も世界中でＢモード発見をめざした観測や装置開発が日夜続いています。まだまだ時間がかかるかもしれないけれど、ひょっとしたら明日にでも見つかるかもしれません。そんな二〇一五年の夏にこのあとがきを書いています。本書を読んでくださった皆さんが、こんなプロジェクトもあるんだ、と少しでも面白がってくださり、宇宙に想いを馳せるひとときを持ってくだされば、著者冥利につきます。

たくさんの人のおかげで、この本が生まれました。まずは、共同研究者たちに感謝します。本書の中で全員紹介したかったぐらいです。その中には研究者の卵もいます。総合研究大学院大学高エネルギー加速器科学研究科素粒子原子核専攻に所属する大学院生のほか、指導教官の了解の上で全国から大学院生を受け入れています。本書を読んだ人の中に、将来の研究仲間がいるかもしれません。そんな楽しい想像をしながら書きました。

僕たちの「宇宙のはじまりを見る実験プロジェクト」を支援してくださっているすべての方々に御礼申し上げます。紙面の制限さえなければ、名前を挙げて感謝の気持ちを伝えたいところです。

ライターの岡田仁志さんに深く感謝します。自己宣伝に見えたらいやだ、でもマシな読み物にはしたいなあ。僕がそう思い悩む中、「僕」という一人称で語る、というスタイルを提案し、この本のたたき台を書いてくれました。何度もミーティングをして、僕の話を聞き取り、素材として引き出してくれました。この本は、歳も近く、ウマが合う二人の合作だと僕は思っています（ただし、本書に間違いや誤植があれば、すべて僕の責任です）。また、二人をまとめて、全般に面倒を見てくださった集英社の渡辺千弘さんに御礼申し上げます。

最後に、妻と娘に感謝します。いつも僕の活力の源泉になってくれて、ありがとう！

二〇一五年八月　国際会議に向かう飛行機の中で
羽澄昌史

羽澄昌史（はずみ　まさし）
素粒子宇宙物理学者。一九六四年、愛知県生まれ。高エネルギー加速器研究機構教授、東京大学カブリ数物連携宇宙研究機構特任教授、総合研究大学院大学教授。東京大学大学院理学系研究科博士課程修了。博士（理学）。専門は素粒子物理学、時空の物理学、実験的宇宙論。ポーラーベア実験では、宇宙背景放射の偏光観測、原始重力波の探索によるインフレーション理論の検証を目指す。将来計画としては、ライトバード衛星を提案している。

宇《う》宙《ちゅう》背《はい》景《けい》放《ほう》射《しゃ》「ビッグバン以前《いぜん》」の痕跡《こんせき》を探《さぐ》る

二〇一五年一〇月二一日　第一刷発行　　集英社新書〇八〇七G

著者……羽澄昌史《はずみまさし》
発行者……加藤　潤
発行所……株式会社集英社
東京都千代田区一ツ橋二-五-一〇　郵便番号一〇一-八〇五〇
電話　〇三-三二三〇-六三九一（編集部）
〇三-三二三〇-六〇八〇（読者係）
〇三-三二三〇-六三九三（販売部）書店専用

装幀……原　研哉
印刷所……大日本印刷株式会社　凸版印刷株式会社
製本所……加藤製本株式会社

定価はカバーに表示してあります。

ISBN 978-4-08-720807-8 C0242

丸山眞男と田中角栄「戦後民主主義」の逆襲
佐高 信／早野 透　0794-A
戦後日本を実践・体現したふたりの「巨人」の足跡をたどり、民主主義を守り続けるための〝闘争の書〟！

英語化は愚民化　日本の国力が地に落ちる
施 光恒　0795-A
「英語化」政策で超格差社会に。グローバル資本を利する搾取のための言語＝英語の罠を政治学者が撃つ！

伊勢神宮とは何か　日本の神は海からやってきた
植島啓司／写真・松原 豊　039-V　〈ヴィジュアル版〉
日本最高峰の聖地・伊勢神宮の起源は海にある！ 丹念な調査と貴重な写真からひもとく、伊勢論の新解釈。

出家的人生のすすめ
佐々木 閑　0797-C
出家とは僧侶の特権ではない。釈迦伝来の「律」より説く、精神的成熟を目指すための「出家的」生き方。

奇食珍食　糞便録　〈ノンフィクション〉
椎名 誠　0798-N
世界の辺境を長年にわたり巡ってきた著者による、「人間が何を食べ、どう排泄してきたか」に迫る傑作ルポ。

科学者は戦争で何をしたか
益川敏英　0799-C
自身の戦争体験と反戦活動を振り返りつつ、ノーベル賞科学者が世界から戦争を廃絶する方策を提言する。

江戸の経済事件簿　地獄の沙汰も金次第
赤坂治績　0800-D
金銭がらみの出来事を描いた歌舞伎・落語・浮世絵等から学ぶ、近代資本主義以前の江戸の経済と金の実相。

宇沢弘文のメッセージ
大塚信一　0801-A
〝人間が真に豊かに生きる条件〟を求め続けた天才経済学者の思想の核に、三〇年伴走した著者が肉薄！

原発訴訟が社会を変える
河合弘之　0802-B
原発運転差止訴訟で勝利を収めた弁護士が、原発推進派と闘うための法廷戦術や訴訟の舞台裏を初公開！

悪の力
姜尚中　0803-C
「悪」はどこから生まれるのか——。一〇〇万部のベストセラー『悩む力』の著者が、人類普遍の難問に挑む。